RULES FOR EFFECTIVE
DIRECT MARKETING STRATEGIES

化粧品・健康食品業界
のための
ダイレクトマーケティング
成功と失敗の法則

EC・通販コンサルタント
クリームチームマーケティング合同会社 代表兼CEO
山口尚大

CROSSMEDIA PUBLISHING

はじめに

通販化粧品・健康食品業界にかかわるみなさまへ

突然ですが、あなたのビジネスにおける課題は何ですか？

・新規向けの広告がうまくいかない！

・引き上げ率やLTVが思ったように伸びない

・定期のお客様がすぐに離脱してしまう

課題がはっきりとわかっている場合もあれば、そうでないこともあると思います。

申し遅れました。クリームチームマーケティング代表の山口尚大と申します。

私は、インターネットが広く生活の一部になってきた2006年から化粧品・健康食品業界に特化し、売上アップのためのマーケティング支援をしてまいりました。この13年間でサポートしてきたメーカーは、150社250ブランド以上にのぼります。

これまで約1,000人以上の経営者、役員、マーケティング担当者と、通販ビジネスにおける課題、問題点を話し合い、様々な施策の提案と実践を共に繰り返してまいりました。

そこでの経験やノウハウ・成功事例をもとに、あなたの会社の成長のお手伝いをしたいと考えたのが、この書籍を執筆するに至ったきっかけです。

売上アップのポイントはずばり……

　私たちのもとには、明確な目的や課題があって、サポートをご依頼される方はもちろん、「売上を上げたいけれど、何をしたらいいかわからない」と、漠然とした悩みや不安のご相談に来られるお客様も多く訪れます。

　この10年で通販事業の関連業務やサービスは、かつての10倍、いや100倍でも大げさではないほど爆発的に増えてきました。AIやマーケティングオートメーション（MA）、データドリブン、カスタマージャーニーなどといったデジタル分野をはじめ、この業界ならではの薬機法、景表法といった法知識も常に最新の情報を追わなくていけません。

　そんな状況の中、売上を成長させ続けるために、今何をすべきなのか、何から始めたら良いのか、どの情報が正しいのか、とすべてを一人で抱えて悩んでいる方が多いのではないでしょうか。さらに、通販事業部はリソースが限られているのが普通です。

　「そんなあなたに、売上アップを実現するための"指標"になるものがあれば……」「この知識さえあれば、間違った手段を選択することはなかったのに……」
　日頃感じていたこんな想いから、この書籍をまとめるに至りました。

本書のテーマは「ダイレクトマーケティング」です。ずばりこれこそが、売上アップを実現するために最も重要なポイントなのです。

マーケティングの本質は変わっていない

　時代が変化すると、それに合わせて多くのことが変わっていきます。紙やテレビなどのオフラインメディアからインターネット中心へ、今では誰もがスマートフォンを使って情報を取得できる時代になりました。様々な技術やプラットフォームが登場するにつれ、それに合わせて手法やノウハウは変化していきます。

　しかし、顧客への向き合い方や考え方など「どのようにしたらモノが売れるのか」ということの本質は、マーケティングが生まれた150年前からずっと変わっていません。なぜなら、マーケティングの対象である人間自体が変わらないからです。

　本書は、私がこれまで多くのクライアント企業と実践してきた業界特化型のダイレクトマーケティングの施策をもとに、その「本質となる考え方」をひもといた書籍です。それに加え、通販に必要な幅広い知識を、国内外の最新の情報をふまえて体系的にまとめています。

　売上アップに悩む、通販化粧品・健康食品業界の経営者、役員、マーケティング担当者のみなさまの教科書・指針として、おおいにご活用いただける内容だと思います。

本書のターゲット
- ◉本格的に化粧品・健康食品のネット販売を始めようとしている経営者
- ◉通販事業を強化したい化粧品・健康食品メーカー
- ◉異業種からの新規参入組
- ◉まずは10億円の売上規模を目指す通販事業チーム

　これまでの業界の歴史をおさらいしたい読者の方、業界未経験の新人マーケターはChapter1から、具体的な課題がはっきりしている、自社に足りないマーケティングの施策や考え方を学びたいという方はChapter2から読み進めていただくことをおすすめします。

　また、これからお話しする内容を読者のみなさまがすぐに実践するために役立つツールを、本書の付録としてダウンロードすることができます。読むだけではなく「実践し使える」書籍となっております。

　競争の激化する化粧品・健康食品業界でどのように生き残っていくのか？
　本書がみなさまの会社の売上に、大きく貢献することができれば幸いです。

通販・EC コンサルタント
クリームチームマーケティング合同会社 CEO

山口 尚大

化粧品・健康食品業界のための
ダイレクトマーケティング成功と失敗の法則　目次

はじめに ……………………………………………………………………………… 002

Chapter 1　化粧品・健康食品業界の
変化の波に乗れ!

業界の変化 01 押さえておきたい市場規模と業界トレンド …………… 014
化粧品・健康食品業界はレッドオーシャン／飽和した国内市場と
海外での需要増／健康食品は拡大期。超高齢社会で今後も伸びる
／増え続ける化粧品と健康食品への新規参入／参入コストが劇的
に下がった／市場は有象無象のブランドで溢れている

業界の変化 02 スマホが変えた購買行動 ………………………………… 021
パソコンからスマホへ、デバイスの大転換／情報が溢れ、ユーザ
ーは賢くなった／情報の発信側に求められること

業界の変化 03 インターネット広告は枠から個人へ ………………… 025
純広告で多数の消費者へ届ける／広告はネットワーク化しアフィ
リエイト、そしてSNSへ／アフィリエイトに規制の波がやってく
る／ユーザーが世界に影響を与えられる時代へ

業界の変化 04 業界を取り巻く法律の「規制と緩和」 ……………… 029
市場の活性化を図る「緩和」／消費者を守るための「規制」

業界の変化 05 人と組織運営のこれまでとこれから ………………… 032
「人手不足」ではなく「人材不足」／現場の担当者にとっても重要
な問題

Chapter 2 マーケティングにおける成功法則

法則 01 「マーケティング」は売れ続けるための
仕組みづくり ⋯⋯⋯ 036
マーケティングは一生お金を生み出す資産

法則 02 セールスとマーケティングの違いを理解する ⋯⋯ 039
セールスはすべての施策の最終段階／セールスをする前に準備し
ておくべき大事なこと

法則 03 新規獲得だけでは成立しない ⋯⋯⋯ 043
「1回」売れただけでは利益は出ない!

法則 04 すべての土台は「自社の立ち位置」を
理解すること ⋯⋯⋯ 046
他社を知り自社をポジショニングする／最も強いポジショニング
は「カテゴリーワン戦略」

法則 05 商品の差別化にはイメージが重要 ⋯⋯⋯ 050
品質が良いからといって消費者に選ばれるわけではない／化粧品
広告にモデルや女優が使われる本当の理由

法則 06 あなたの売りたい商品には物語があるか? ⋯⋯⋯ 054
ストーリーは消費者に商品の「本質」を伝える／共感は消費者を
動かすパワフルなトリガー／他社製品を使うことを不安にさせる
ストーリーテクニック／動画を使えば、ストーリーはより伝わる

法則 07 ブランディングとは必要なものだと認識する ⋯⋯ 060
ブランディングとレスポンスの両立はユニクロに学べ／
セールスとブランディングを使い分ける

法則 08 自社に「必要のない」顧客は誰かを知る ⋯⋯⋯ 064
ペルソナのつくり方と問題点／ペルソナづくりよりもターゲット
の分析が目的／顧客の個人的な関心事は何か

法則 09 トライアルセットの販売はうまくいかない？ ················ 068
2ステップマーケティングの罠／
「トライアル商品」は大手だけの戦略か?

法則 10 法律の知識を常にアップデートしているか ··············· 072
規制の厳しい化粧品・健康食品業界／化粧品・健康食品を販売する上で知っておくべき法律／他社の広告表現を研究する／薬事法ガイドラインとJADMA評価項目

法則 11 自社通販とモールを正しく使い分ける ··············· 078
安易なモール出店に注意せよ／店舗販売から通販参入時にひそむ罠／自社通販とモール販売のベストアンサー

Chapter 3 レスポンスにおける成功法則

法則 12 効果の出る広告を予測することは不可能 ··············· 086
その答えは、消費者のみぞ知る／テストは義務と言われる理由／大きな部分から小さな部分へ

法則 13 広告効果を左右する3つの要素 ··············· 092
「ターゲット>オファー>クリエイティブ」の順序で見直す／クリエイティブばかりにとらわれると失敗する?

法則 14 広告ごとの特徴を見極める ··············· 097
ユーザーマインドの違いを忘れるな

法則 15 行動心理学をもとにアイデアを考える ··············· 102
すべての人間に共通する行動心理を知る／「マズローの欲求5段階説」を理解する／人はなぜ物を買うのか

| column | 今日から使える心理トリガーを使ったテクニック ------ 108

人の心を動かす「仕掛け」
テクニック1　プレゼントはサプライズで
テクニック2　キャンペーンは一度だけで終了しない
テクニック3　メルマガの送信者は個人名を使う
テクニック4　大事なことは何度も伝える（刷り込み効果）
テクニック5　売上ランキングを作ってみる
テクニック6　選択肢は多くても「3種類」まで
テクニック7　与えてから取り上げる
テクニック8　何回も接触する

Chapter 4　顧客管理と維持における成功法則

法則16　獲得したあとの顧客にフォーカスする ------ 122

新規よりも既存顧客を優先すべき理由／既存顧客の分類は「P＋
RFM」で行う／なぜ既存顧客はやめていくのか、その答え

法則17　接触頻度以上に購入頻度は上がらない ------ 127

接触する理由をつくる／
月1から週1にメルマガの頻度を上げた結果

法則18　最も価値のある顧客を育てる ------ 132

なぜ2割を大事にしないのか／お問い合わせ窓口の重要な役割／
最上位品を用意する／ロイヤルカスタマーは育成していくもの

Chapter 5　商品設計における成功法則

法則19　ダイレクトマーケティングに適した商材とは？ ───── 138
1,200円の口紅は通販ビジネスとして成立するのか／売りづらい
が離れにくいもの

法則20　健康食品は広告表現を考えてからつくる ───── 143
広告表現の規制が厳しくなっている／Web広告ではどうしても販
売できない例／世紀の大発見! 新規成分で本当に売れる?／最新
のカスタマイズサプリ販売

法則21　特定の悩みに特化した商品が有利 ───── 151
カテゴリーワンという考え方

法則22　商品価格はLTVの最大化から考える ───── 156
5,000円より10,000円の化粧品を売る?／価格<価値を重視する

法則23　使い心地をターゲットに合わせる ───── 162
スキンケア商品は使った瞬間が勝負／商品は2～3年で飽きられる

Chapter 6　ECシステムにおける成功法則

法則24　決済方法をどれだけ提供しているか ───── 168
ECサイトの土台となるカートシステム／顧客の「買いやすさ」か
ら考える／自社都合ではなく、顧客の視点で考える／Amazon
Payで売上が変わる?

法則25　ロジスティックスを考えているか ───── 173
購入直後から満足度は減少する

| 法則 26 | ECサイトのUIは適切なのか ----- 176

スマホ対応ではなくスマホ「専用」サイトが必要／もはや化粧品
ECサイトにはPC版は必要ない／スマホで閲覧されるとはどうい
うことか／Wi-Fiではなく、4G回線で考える

| column | スマホファーストの新常識 ----- 181

スマホとPCではサイトのレイアウトは全く違う
スマホならではのUIヒント集
入力の手間があると顧客は離れる

Chapter 7　組織づくりにおける成功法則

| 法則 27 | 経営とはマーケティングと心得る ----- 188

マーケティングを重視した経営をしているか／コールセンターは
外注化すべきか／商品ではなくソリューションを提供する／石鹸
メーカーがタオルを販売している理由

| 法則 28 | 現代に適したチームビルディングとは? ----- 194

すべてを内製化することは物理的に不可能／コストを意識しすぎ
て、井の中の蛙になっていないか／アウトソースする際に重視す
べきは価格ではなく提供される価値／外部パートナーを見極める
ポイント／情報選択の専門家もアウトソースできる

| 法則 29 | 新規参入のためのコストは十分か ----- 203

大手メーカーでも見通しは甘い?／カフェを始めると思って考え
てみよう／投資回収には1年以上はかかる

| 法則 30 | 騙されないための知識をつける ----- 207

知識がないと正しい選択ができない／広告代理店の言いなりにな
ってはいけない／セカンドオピニオンをとる／担当者はシビアに
見る／部分ではなく全体を見て考える

Chapter 8　業界の未来と成功へのヒント

未来予測 01 広がるシニア向け需要 ———————————————— 214

シニア向け市場の多様化／健康寿命が市場を活性化させる／シニア向け女性化粧品の需要

未来予測 02 流れは再びFace to Faceへ ————————————— 218

店舗を持つことのメリット／アップルストアがある理由
店舗はお金がなくても作れる／実体があることで信頼に繋がる

未来予測 03 AIの時代へ —————————————————————— 224

個人に対応した情報が発信される時代へ／One to Oneの時代／パーソナライズに特化した製品／すべてをAIに委ねてはいけない

自社にとっての正解を見つけるために必要なこと ———————— 229

本質を見極める／What、Why、Howのなかで重視すべきは?／投資を惜しんではいけない／トライアンドエラーで顧客を理解し続ける／一度やると決めたら、継続する我慢も必要／どんなリソースも利用できる

おわりに —————————————————————————————— 236

Chapter

1

化粧品・健康食品業界の
変化の波に乗れ!

古くから人類は美と健康の欲求を常に抱いて生きてきました。
「いつまでもきれいで、そして健康でありたい」
それは人間の基本欲求。永遠になくなることはありません。
その欲求を満たすための商品を提供するのが
化粧品・健康食品業界なのです。

変化はコントロールできない。できることは、
その先頭にたつことだけである。
——ピーター・ドラッカー——

化粧品・健康食品 業界の変化 # 01	重要度　★★★☆☆
	市場規模
	競合他社
	異業種参入

押さえておきたい市場規模と業界トレンド

化粧品・健康食品業界はレッドオーシャン

化粧品・健康食品業界はここ10年の間で参入企業が激的に増え、競合がひしめき合うレッドオーシャンになっています。商品がどれほど素晴らしいものであっても、的確なマーケティング戦略を打たなければ、商品は誰にも認知されず、ほとんど売れないと言っても過言ではありません。

　通販化粧品・健康食品ビジネスを成功させるために必要なのは、まず業界の現状をしっかりと把握すること。その上で自社商品の立ち位置がどこにあるのか、しっかりポジショニングし、販売促進計画を立てるべきです。

Chapter 1 では、業界についての基本的な知識や現在のトレンドについて紹介していきます。この 10 年の間で環境がどれほど変化したのか、過去と現在を比較してみましょう。

飽和した国内市場と海外での需要増

化粧品業界の市場規模は約 2 兆円強。2000 年以降ほぼ横ばいの状態です。化粧品は女性にとっての必需品であり、リーマンショックの際も大きな変動はありませんでした。化粧品は不況によって左右されない景気の変化に強い産業とも言われています。

【図1】 化粧品市場の変化

▶化粧品の市場規模は横ばい〜増加傾向

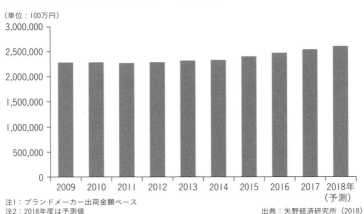

注1：ブランドメーカー出荷金額ベース
注2：2018年度は予測値
出典：矢野経済研究所（2018）

**化粧品は2兆円超の市場規模を持つ、不況に強い産業。
近年はインバウンドの影響で少しずつ拡大傾向にある**

同時に、今後の人口の減少にともない化粧品の市場規模はこれ以上の成長は見込めず、縮小していくだろうとも予測されていました。

　しかし近年、その予測は外れつつあります。市場規模が少しずつですが拡大しているのです。

　その背景として挙げられるのが、**インバウンドや越境など海外からの需要増加**です。その影響で国内の市場規模が、少しずつ拡大しているのです。実際、化粧品を製造する国内 OEM の会社からも「海外向けに販売する化粧品の注文が多い」といった声を最近よく耳にするようになりました。日本製の化粧品は「Made in Japan」として高い品質とブランド力が評価され、海外での需要がここ数年で大きく伸びています。今後も、その需要は拡大していくと考えられています。

健康食品は拡大期。超高齢社会で今後も伸びる

　で は、健康食品業界の市場についてはどうでしょうか。
　『H・B フーズマーケティング便覧 2019』（株式会社富士経済）によると、健康食品業界の市場規模は 2010 年には 1 兆円程度でしたが、その後拡大を続け、2018 年には 1 兆 5000 億円近くまで規模を拡大しています。

　この背景には、2015 年に新設された「機能性表示食品」が健康食品業界の勢いを後押ししたことがあると考えられています。

　さらに、『健康食品・サプリメント市場実態把握レポート』

（インテージホールディングス、2013 年）によると、健康食品の潜在市場規模は 3 兆 5732 億円。**現在の 2 倍以上に成長できるポテンシャルがある**と推計されています。

2017 年に東京ビッグサイトで開かれた健康博覧会では、出展した企業約 550 社のうち、約半数にあたる 250 社が健康食品に関連する企業であったことからも、その賑わいぶりがうかがわれます。

健康食品のターゲットには、美容に関心のある女性だけでなく、男性も含まれています。また、今後超高齢社会が進むにつれ「いつまでも健康でいたい」というシニアの需要が大きくなることが予想されるため、市場としての伸び代は非常に大きいと考えられているです。

増え続ける化粧品と健康食品への新規参入

拡大の一途をたどると期待されている化粧品・健康食品市場。未来は明るいかもしれませんが、**市場規模の拡大が新規参入企業の増加を招くということも忘れてはいけません**。実際、ここ数年でかなり多くの企業が、この業界へ参入してきています。

新規参入業者は、大きく 2 種類に分けられます。
「**高い技術力を持った異業種の大企業**」と「**小回りの利く資本力の低いスタートアップ企業**」の 2 つです。

これまで、化粧品や健康食品というのは、美容の専門知識やノウハウが必要不可欠であり、新規参入は難しいと考えられてきました。

しかし、先に挙げたように、化粧品や健康食品は不況にも強く、かつこれからの伸び代が期待できる市場ということで、これまで全く関係のなかった異業種からの参入が目立つようになりました。特に他分野で高い技術力を持っていた大企業が、その技術力を美容や健康に活かせるように転換し、参入してくるケースが増えたのです。

例えば、富士フイルムのスキンケアブランド「アスタリフト」が有名です。写真で使われていたフィルム製造の技術を美容に転換して独自の化粧品を作り上げ、今では年商200億円を超える一大事業へと発展させました。

これまで本業で培ってきた、高い技術力や膨大な研究内容を転換し、化粧品や健康食品として製品化することで、他社には真似できない、明確な差別化を図ることができたのです。

参入コストが劇的に下がった

方で、資本力の低いスタートアップ企業も続々と新規参入をしています。

昔は商品の製造コストや店舗などの販売経路の確保など、化粧品・健康食品業界へ参入するには様々な障壁がありました。しかし、インターネットの普及により様々な環境が整備され、

新規参入コストは著しく下がっています。

　現在では 50 〜 300 程度の小ロットでも商品を製造できる OEM 会社が増え、販売経路も店舗や卸ではなく EC サイトを通して低コストで販売ができるようになりました。またリスティング広告や SNS を使えば、小額の予算から商品を告知できるようにもなっています。

　このような理由から、資本力の低い中小企業もこぞって業界へ参入するようになったのです。

　私が支援しているメーカーの中にも、一人社長や、2 〜 3 名の社員のみで 10 億円規模の EC サイトを運営している企業があります。小資本かつ小規模であっても、メーカーとして十分成立する時代なのです。

市場は有象無象のブランドで溢れている

独自の技術力やノウハウのある大企業と、小資本だが小回りの利く中小企業。この両者が 10 年の間に化粧品・健康食品業界に続々と新規参入をした結果、競合がひしめき合う状況になっていると考えられます。

　現在、日本の化粧品メーカーの数は 2 万を超えるとも言われています。2 万というと、全国にあるセブンイレブンの店舗数を超えるので、どれだけ多くのメーカーが新規参入してきたのか、ご理解いただけるのではないでしょうか。

また、新規参入したメーカーのうち、その半数以上は創業して１年以内に潰れてしまうというデータもあり、多くのメーカーが参入しては、競争に負け消えているのが現状です。

　新規メーカーの参入は今後も減少することはなく、ますます増えていくことが予測されます。市場での競争の激化は避けることができないと言えるでしょう。

化粧品・健康食品 業界の変化 # 02	重要度　★★★★★ スマートフォン 情報接点 消費者インサイト

Chapter 1

化粧品・健康食品業界の変化の波に乗れ！

スマホが変えた
購買行動

パソコンからスマホへ、デバイスの大転換

次に、近年消費者側に起こった変化についてみていきましょう。2000年代後期に入り劇的に変化した点といえば、インターネットを利用するデバイスが、パソコンからスマホへと移行したことです。いまや、ほとんどの人がスマホを持っている時代。若い人は、パソコンは持たずスマホだけという場合も多くあります。

最近、女性が主な顧客となる化粧品ECサイトでは、**売上の8割以上がスマホ経由だと言われています。**1人1台スマホを持つようになったことで、商品をいつでもどこでも購入できる

021

ようになったのです。いつもインターネットに繋がるスマホの利便性は高く、仕事でパソコンを使う人でも、自宅ではスマホしか使わないという人が増えています。

　実際、皆さんのまわりの女性の方に聞いてみても、買い物はスマホでする、という人がほとんどではないでしょうか。

　同時に**情報収集の形も大きく変化しました**。これまでは、サイトやブログなどのテキストから情報を得ることが主流でしたが、スマホの普及により**YouTube などの動画配信サイトや、Instagram などの SNS サービスが拡大し、テキストではなく動画や画像から情報が取得できるようになったのです**。商品の動画や画像などを見られるようになったことで、消費者が得られる情報の質は高くなったと言えるでしょう。

　いまや、消費者が利用するデバイスは完全にスマホに切り替わりました。この変化に乗り遅れることなく、いかにスマホから買いやすい仕組みをつくるのかということが、今後のカギになるでしょう。

情報が溢れ、ユーザーは賢くなった

　デバイスの変化は、ユーザーの意識にも大きな影響を与えています。

　過去には、口コミサイトでの高い評価や、芸能人ブログで紹介されている商品が盲目的に信用され、商品が飛ぶように売れていた時代がありました。しかし、デバイスがスマホへ変化し

たことで情報に触れる機会が爆発的に増え、「ユーザーが賢くなった」のです。そのため、「この口コミはやらせじゃないか」「芸能人の発言はビジネスかも」と情報の真偽をシビアに感じ取るユーザーが増えたのです。

最近では Google の検索結果すら信じない人もいます。「上位表示されているサイトが正しい情報であるとは限らない」と、**情報の精度を見極め、慎重に選択するユーザーが増えているのです。**

情報の発信側に求められること

イ ンターネットデータセンター（IDC）の調査によると、世界の情報量は、2020 年には 2000 年の約 5000 〜 6000倍にもなると予測されています（次ページ図 2）。

情報過多の現代では、**「情報は埋もれやすく、かつ賢くなった消費者に選別されている」** という意識を持たなければなりません。

パソコンからスマホへ。デバイスの変化は、インターネットを閲覧する方法を変えただけではなく、**情報の発信源や質、信頼性をユーザー自らチェックするという受け手の意識にも影響を与えました。** 今後、企業はいかに情報を浸透させるかだけでなく、**どれだけユーザーの信用に足る情報を発信できるのか**という点を考える必要があります。

【図2】 情報量の変化

▶2000年以降、情報量は爆発的に増加

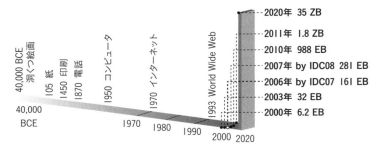

出典:「情報爆発のこれまでとこれから」(電子情報通信学会誌 Vol. 94, No. 8, 2011)
原典: Horison Information Strategies, cited from Storage New Game New Rules,
p.34 (www.horison.com), IDC, The Diverse and Exploding Digital Universe

**2000年からの10年間で情報量は約160倍に。
2020年には2000年の約5000〜6000倍にもなると予測されている。**

化粧品・健康食品 業界の変化 **03**	重要度　★★★★☆ インターネット広告 アフィリエイト 口コミ

Chapter 1

化粧品・健康食品業界の変化の波に乗れ！

インターネット広告は 枠から個人へ

純広告で多数の消費者へ届ける

イ　ンターネットが広く一般に普及してきた 2006 年頃、通販化粧品・健康食品業界が利用するインターネット広告の主なものは有名媒体に広告を出稿する、いわゆる純広告でした。Yahoo! や @cosme（アットコスメ）など、集客力のあるウェブサイトの広告枠を購入し、そこに訪れた消費者にリーチする。つまり、テレビや新聞と同じように、不特定多数の消費者をターゲットにしていたのです。このような時代では、**より多くのユーザーが閲覧するサイトに出稿すれば、販売に確実に繋がるという、非常にシンプルな流れがありました。**

　しかし、2010 年ごろにはインターネット広告の配信先がネ

ットワーク化され、個人のブログや様々な小規模媒体への広告
出稿が可能になりました。また、年齢や性別、居住地などのデ
モグラフィックやサイトの閲覧履歴など、詳細なデータが保持
できるようになると、企業はターゲットとなる消費者に直にリー
チすることができるようになりました。

広告はネットワーク化しアフィリエイト、そしてSNSへ

大手の媒体だけでなく個人のブログなどにも広告を掲載
できるような「広告枠のネットワーク化（アドネット
ワーク）」が進むと、インターネット上のあらゆるウェブサイ
トやアプリに広告が配信されるようになりました。

　また、個人がブログなどで商品を紹介して収入を得ることが
できる「アフィリエイト広告」も広がりました。アフィリエイ
ト広告は、成果に対する報酬だけを支払えばいいため、投資リ
スクが低く、現在もなお通販化粧品・健康食品の広告における
大部分を担っています。

　日本人のほとんどが利用するようになった LINE への広告出
稿や、Facebook をはじめとする SNS への広告も配信できるよ
うになりました。

　特に Facebook 広告は、性別・年代・趣味嗜好など、配信す
るターゲットの条件をこと細かく指定できるため、非常に高い
確率で、狙うべきユーザーにリーチすることができます。

　純広告からアドネットワーク、そして個人へと、広告はここ
10 年で大きく変化したと言えるでしょう。

アフィリエイトに規制の波がやってくる

昔は、アフィリエイトと言えば、個人がお小遣い稼ぎで取り組む副業のようなイメージでした。しかし、現在は違います。トップアフィリエイターともなると、運営する媒体は完全に組織化されており、法人として事業で取り組む形が増えています。

前述のとおり、アフィリエイト広告は成果報酬型で、商品が売れなければ費用が発生しないという低リスクの広告手法です。

また、薬機法により、メーカーが直接出稿する広告では規制がかかってアピールできなかった内容も、アフィリエイトサイトでは、その対象外という考え方があったため、広告効果は非常に高いものがありました。

費用対効果も高く、薬機法の表現規制の抜け道にもなっていたため、メーカー側も積極的にアフィリエイトへ出稿をしていたのです。

しかし、**近年アフィリエイトでもページ内の表現に対して規制がかかる可能性が指摘されるようになってきました。**2016年6月30日に消費者庁が制定した「健康食品に関する景品表示法及び健康増進法上の留意事項について」の中には、アフィリエイトサイトが薬機法や景品表示法の表現規制により、行政からの指導の対象になることが明記されています。

消費者庁では今後、アフィリエイトにおける広告主の責任を積極的に追求していくというメッセージも出しており、これか

らはアフィリエイトサイトでの表現についてもメーカー側がしっかりと管理や規制をしていく必要が出てきました。

　今後、さらに規制強化の流れは強くなっていくことが予想されるため、アフィリエイト広告だけに依存して売上を伸ばしていた企業にとって大きな痛手になることは間違いないでしょう。

　規制強化の流れを予期してか、大手の企業の中にはアフィリエイト広告への出稿を取りやめるメーカーや、事前に媒体の審査をするなど、対策を強めている企業も出てきています。

ユーザーが世界に影響を与えられる時代へ

　そこで、アフィリエイトに変わるものとして注目したいのが SNS です。ユーザー全員が発信者になり、場合によっては広告塔にもなり得る SNS。これまでのように資本力のある企業や影響力のある芸能人の発信ではなく、一般の人からの口コミでも大ヒットが生まれるきっかけとなります。薬機法の観点からもテキストではなくビジュアルで表現されることが多いところに魅力があります。商品の利用者が発信する情報が、他の消費者の共感を生むことができるのです。

　SNS の利点は、利用する一人ひとりが売上に繋がる影響力を持つ発信者ということ。一人の何気ない投稿が売上を生むこともあり、これまでの広告や PR 手法とは全く異なる情報伝達の形だと言えます。

化粧品・健康食品
業界の変化

04

重要度 ★★★★★

法規制
薬機法
コンプライアンス

Chapter 1

化粧品・健康食品業界の変化の波に乗れ！

業を取り巻く
法律の
「規制と緩和」

市場の活性化を図る「緩和」

化粧品・健康食品業界に関係する法律は、大きく２つの種類に分けられます。ひとつは**商品を作るための法律**、もうひとつは、**作った商品を販売するための法律**です。

　まず、商品を作るための法律について、ここ10年の流れを見ると**ゆるやかに緩和されている**という印象です。

　もともと化粧品に関しては、2001年４月に薬事法に基づく化粧品の制度について大幅な改正が行われ、これまで厚生労働大臣の承認が必要であった「化粧品承認制の原則廃止」など大きく緩和されました。

そして、その流れに合わせるかのように、健康食品業界でも、製造に関する法律はメーカーにとって緩和方向に動いています。

その代表例が、2015年4月から施行された「機能性表示食品制度」です。これまでは「特定保健用食品」いわゆるトクホや、「栄養機能食品」がありましたが、その取得には国の厳しい審査が必要であり、取得費用や時間的なコストがメーカーにとっては大きな負担でした。

それに比べ、「機能性表示食品」は安全性や機能性の科学的な根拠があれば、消費者庁に届出を提出することで食品の機能性を表示することができます。メーカーとしては、健康食品の販売がしやすくなったと言えるでしょう。

消費者を守るための「規制」

一方で、**商品を販売するための法律はとても厳しくなりました**。特に広告の表現に関する規制は、ここ5年で急激に厳しくなったという印象です。これは化粧品・健康食品業界のみならず、社会全体の流れが規制方向に働いていて、それにならった形だとも言えます。

これらの背景としては、「消費者の声が大きくなった」という点が要因として挙げられます。テレビをはじめとするメディアの自主規制もそうですが、事業者のコンプライアンスを消費者がしっかりとチェックする時代になってきたのです。特に、

化粧品や健康食品は肌に塗付したり身体に吸収されたりする商品です。健康被害に直接関わるため、罰則も他の商材に比べてかなり厳しいものが多いのです。

　現行の薬機法（医薬品、医療機器等の品質、有効性及び安全性の確保等に関する法律）では、第66条「虚偽・誇大広告」、第68条「未承認医薬品の広告の禁止」に違反した場合には「2年以下の懲役もしくは200万円以下の罰金（または併科）」が科されています。しかし、今後はこれらの罰則に加え、景表法ではすでに導入されている課徴金制度も検討されています。国としては、消費者を守り健康被害を防ぐための規制を強化しなければならないということでしょう。昔のようにグレーな表現を攻めるといった考え方は危険です。広告表現に関しては、さらに規制が強化されていくことは明らかですので、そのリーガルリスクをしっかりと認識する必要があります。

化粧品・健康食品 業界の変化	重要度　★★★★★
# 05	組織運営 人材 フリーランス

人と組織運営の
これまでとこれから

「人手不足」ではなく「人材不足」

こ こまで業界をとりまく環境の変化についてお話しして
きましたが、最後につけ加えておきたい重要なことが
あります。それは人と組織運営の問題です。

ここ数年、企業が人材を確保することが非常に難しくなって
います。これは日本社会全体にも言え、化粧品・健康食品業界
においても深刻な問題です。特に中小企業の採用の現場では
「求めている人材が全く集まらない」と、悲鳴とも聞こえる声
をよく聞きます。

この10年で、働き方は非常に多様化しました。2000年代に

は新卒で入社し定年まで勤めるという終身雇用神話が崩れ、転職という選択肢が取られはじめました。それに合わせるように派遣や中途採用市場も大変賑わっています。

そして最近では、企業に頼らずフリーランスとして働くという選択肢も生まれてきました。つまり、これまでのように組織に属し、正社員として働こうと考える人材が減り、特に優秀な人材ほど良い条件を求めて転職したり独立してフリーランスになったりするケースが増えているのです。

特に通販ビジネスにおいては、ECサイトの適切な運営とマネジメントができ、その本質を理解している優秀な人材が必要です。ECサイトの運営については、SEOやUIデザイン、SNSの運用など**専門的な知識をもった人材が求められます**。売上に直結する業務に関わる人材には、企業としても妥協できない部分が多いのではないでしょうか。

「通販ビジネスに興味がある」そういった人は増えてはいますが、本当に運営を任せることができるレベルとなると、なかなか確保できないのが現状です。また、仮に優秀で適性のある人材を確保できたとしても、働く環境に魅力がなければ社内に留めることは難しく、企業側も頭を抱えているのです。

実際、ポテンシャルの高い人材を採用したのに、社内に専門性やノウハウが蓄積されておらず、満足できる仕事や環境を提供することができない、そのため短期間で離れていくという話はよく聞きます。

「人手不足」という言い方をされていますが、実際に人手が不

足しているというよりも、現状の通販ビジネスに適した欲しい
人材が不足しているのです。

現場の担当者にとっても重要な問題

こういった人材不足の問題は企業にとって重要な関心事ですが、現場の通販担当者にとっても、まさに他人事では済まない問題でしょう。

　昔に比べてマーケティングの業務は何倍にも増えています。カートシステムや決済サービス、マーケティングツールなど様々なEC関連サービスがありますし、広告の出稿先なども多数の中から効果的なものを選択しなければなりません。複数のサービスを比較し、担当者に実際に会って、内容を吟味し、上司や経営者を説得して、はじめて導入に至ります。つまり、サービスが増えていることによって選択するまでの工程も増えているのです。

　働き方改革で残業時間は削られながらも業務は増え続ける。現場にとっても無視できない重要な課題となっています。

034

Chapter

2

マーケティングにおける
成功法則

一時的に商品を売ることができても、継続して購入され続けなければ、
今の時代の通販ビジネスは成立しません。
すべての成功の鍵は、商品を継続して購入してもらうための
仕組みづくり、マーケティングにあるのです。

ビジネスの世界で最も危険な言葉は、
「ほかの誰もがやっている」だ。

──ウォーレン・バフェット──

成功と失敗の法則 01	重要度 ★★★★★
	集客
	メッセージ
	顧客維持

「マーケティング」は
売れ続けるための
仕組みづくり

マーケティングは一生お金を生み出す資産

マ　ーケティングを一言で表現すると、「顧客をつくり、維持する仕組み」だと言えます。一度商品を買っていただいたあとにも、顧客と積極的にコミュニケーションを取ることで、関係性を強固に維持し、リピートをつくり出していくのです。この一連の流れを半自動的に仕組み化するのが、マーケティングです。一時的なものではなく、半永久的にお金を生み出すため、自社にとっての「資産」とも言えるでしょう。

「いま一番売れるのはどんな広告媒体ですか？ Instagram ですか？ LINE ですか？」とよく聞かれます。これはマーケティングを誤解している典型例です。広告はあくまでマーケティング

の仕組みの中のひとつ「集客」でしかありません。「顧客をつくり、維持し続ける」ためには、広告以外にもブランディングや顧客リサーチ、顧客対応、流通の効率化など、考えるべき内容は多岐にわたります。もちろん「集客」もマーケティング・プロセスの重要な一部ですが、その役割を正確に理解していないと、本来必要のない消費者に商品を販売してしまい、一時的な売上のみで継続した顧客にならないということになってしまいます。

　次のページに示した図３は、インターネットを中心としたマーケティングの全体像です。図の上の部分はターゲットとなる顧客を「集客」し、正しいメッセージを伝えることで商品を「購入」してもらうまでの流れです。さらにその顧客に対して「引き上げ（リピート）」してもらうための接点をつくり、長く顧客として維持できる「関係性構築」をするところまでを示しています。

　また、図の下の部分はこういったマーケティング活動全体を構築する以前の通販ビジネスとしての重要なコンセプトを示しています。企業としてどんなことを実現したいかという「ビジョン」があり、その解決策、アウトプットとしての「商品」があります。「商品」を売るためにはその市場全体を見たときの「ポジショニング」が明確でなければいけません。また正しいECシステム、「決済」、「ロジスティックス」がなければそれは実現できません。

　この全体像を把握したうえで、自社に必要なもの、足りないものを考えていくことが重要です。

【図3】 マーケティングを活かした商品販売の流れ

▶集客〜リピートまでの仕組みをいかに効率よく、早く構築するかが成功のカギ

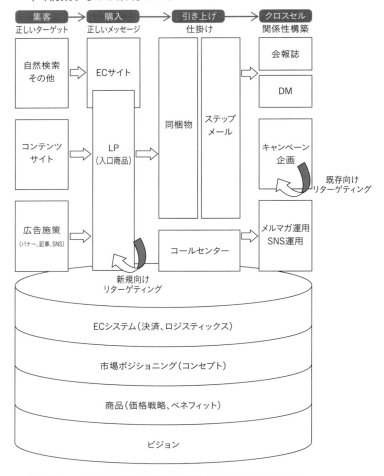

適切なターゲットを集客し顧客化、LTVを最大化させることが通販ビジネスの目的

成功と失敗の法則

02

重要度 ★★★★★

販売
プロダクト・アウト
信頼性

Chapter 2 マーケティングにおける成功法則

セールスと
マーケティングの
違いを理解する

セールスはすべての施策の最終段階

マーケティングのもうひとつの重要な目的に「セールスを不要にすること」というものがあります。これは、オーストリアの経済学者ピーター・ドラッカーの言葉で「売り込みをせずに自然に売れていく状態をつくりあげること」がマーケティングを行う究極の目的であることを意味しています。

基本的に、顧客はセールスを嫌うものです。例えば、服を買おうとして商品を見ていたら、店員が近寄ってきたので逃げてしまった。そんな話はよく聞きますよね。でも、本当に欲しい服であれば、試着もしますし、色違いがあるかなどお客さんの

039

方から店員に聞いてきます。店員が働きかけずとも商品は売れていきます。これと考え方は同じです。商品をセールスするのはあくまで最終段階、**その前にお客さんに欲しいと思わせることが大事なのです。**

　冒頭に「マーケティングの最終的な目的はセールスを不要にすること」とお伝えしました。つまり、**お客さんに商品を「欲しい！」と自然に思わせる役割を担っているのがマーケティングなのです。**では実際に欲しいと思わせるように仕向けるマーケティング施策をとっているメーカーがどれほどいるかを考えると、その本質を理解しているメーカーは非常に少ないと思います。多くのメーカーが重視しているのはやはりセールスで、広告を出すことをまず考えてしまうのです。

セールスをする前に準備しておくべき大事なこと

　で は「セールスの前にすべき準備すること」には何があるのでしょうか。それには、様々な要素が存在しています。商品のブランディングや、市場における自社のポジショニング、権威性を持たせるといった要素も含みます。

　消費者というのは、そのメーカーや商品が本当に信頼できるかどうかを考え、購入の判断をしています。信頼できない商品は絶対に売れません。まずは売りたい商品がどれだけ信頼に値するのか、そのための要素がなければなりません。

【図4】 セールスの前に準備すべき20のこと

1. **歴史**：創業からの年数、商品発売からの年数、研究開発にかけた年数など

2. **ストーリー**：開発秘話、印象的なエピソード

3. **信頼感**：親会社やサポートされている会社の実績、認定工場の利用

4. **統計データ**：これまで使用した顧客数、販売数、満足（リピート）しているユーザー数

5. **お客様の声**：モニタで利用したユーザーの声、アンケートによるユーザーボイス、SNSでの掲載例

6. **専門家の推薦**：美容家、美容師、医者　※薬機法に注意

7. **有名人の推薦**：ターゲットに広く知られている有名人のキャスティング（イメージキャラクター）

8. **動画やアニメーションによる説明**：お肌への作用を説明　　　　　　　　　　　　　　　　　　　※薬機法に注意

9. **ビフォーアフター**：メイク商品の場合はスキンケアはイメージで伝える

10. **第三者評価**：○○でNo.1、受賞歴など

11. **PR・パブリシティ**：雑誌掲載、TV掲載、新聞掲載

12. **インフルエンサー・モニター**：アンバサダー（推薦よりもPRに近い）

13. **比較**：他のものとの比較、図説　※薬機法に注意

14. **保証**：全額返金保証

15. **優良な顧客サービス**：24時間対応、相談窓口の解説、翌日配送、当日発送、支払い方法が充実

16. **問い合わせ窓口の充実**：フォーム、電話、FAX、はがき、チャット

17. **魅力的なオファー**：プレゼント、大幅な割引、送料無料

18. **個人を全面に出す**：開発者、社長（ファウンダー）のストーリー

19. **欠点を伝える**：○○な方には物足りない、おすすめできない

20. **FAQ**：よくある質問で質問や反論に答えを用意する

Chapter 2

マーケティングにおける成功法則

例えばランディングページに必ず掲載されている「お客様の声」。これも信頼性を獲得するための要素のひとつです。商品の使い心地や効果など、顧客目線のメッセージを集め掲載することで、メーカーからの一方的な情報よりも伝わりやすく、内容の信憑性がアップします。

　他にも、有名な美容雑誌などに取り上げてもらうことも効果的です。雑誌の読者に自社商品の魅力が伝えられるのと同時に、有名雑誌の権威性を借りることができます。「有名雑誌で紹介されているから、これは良い商品かもしれない」そのように消費者にアピールできるのです。

　こういった雑誌への掲載や著名人のアサイン、動画でのストーリーテリングなど、売り込みを掛ける前に準備しておくことはたくさんあります。商品ができたからと言って、マーケティング無しにいきなり広告を出しても失敗してしまうことは明らかです。これまでお話ししたような要素をしっかり準備しておけば広告を出した際のレスポンスは増え、費用対効果も全く変わってくるのです。

成功と失敗の法則

03

重要度　★★★☆☆

CRM

リピート

顧客維持

Chapter 2　マーケティングにおける成功法則

新規獲得だけでは
成立しない

「1回」売れただけでは利益は出ない!

通販化粧品・健康食品業界のマーケティングで最近多いご相談は、CRM（カスタマー・リレーション・マネジメント）の強化です。つまり、既存顧客に対してクロスセルやアップセルといった売上獲得の仕組みができていないというご相談です。一度商品を購入してもらえたのにもかかわらず、それが次の売上に繋がらないという点は、非常に多くのメーカーの課題となっています。

広告からランディングページに流入し、そこで商品が購入される。ここまでがうまくいったところで「広告の成果が出

043

た！」と満足してしまいがちです。しかし、一度商品を購入した方は果たしてリピーターになってくれるでしょうか。購入後のサポートやコミュニケーションの仕組みができていないと、次の売上には繋がってこないのです。

のちほど詳しく説明しますが、近年のインターネット広告は一人の新規顧客を獲得するためのコストが高騰しており、一度商品を購入されただけでは到底元が取れません。二度、三度と購入していただくことで、はじめて新規獲得時のコストがペイされるという利益構造になっています。広告に対する反応はあるのにもかかわらず利益が出ないような状況は、明らかに顧客維持（CRM）の仕組みがつくれていない証拠だと言えます。

化粧品・健康食品業界では、新規獲得主義を長いこと続けてきました。メーカーの多くが新規獲得数や新規売上の数字のみを重視してきたことが、その後の顧客維持に対する仕組みづくりが軽視されてきた原因のひとつだと考えられます。つまり、新規顧客獲得だけに力を入れてしまい、顧客を維持するためのコミュニケーションが疎かになっているのです。

よく見かける例は、「今だけ期間限定でお試しセットが50％OFF」といったインパクトのあるオファーのランディングページで、魅力的なコピーに魅かれて購入したものの、実際に届いたものを見てみると、一般的なダンボール箱に商品のみがポツンと入っていて、使い方の説明もなく、その後のサポートも全

くない──。こういった新規顧客の獲得だけを重視しているケースです。これでは、顧客は商品の価値を十分に感じ取ることができません。顧客と商品、メーカーの関係はそこで終わってしまいます。つまり、商品の効能効果の実感やブランドへの感動体験が生まれず、リピーターの創出に繋がらないのです。

　さらに、そもそも新規顧客のターゲットも的確に設定されておらず「新規向け広告のCPOが合えばいい」という発想で商品を販売していると、本当にその商品が必要な顧客に届くこともなく、尚更リピーターの創出には至りにくい状況になってしまいます。

　新規獲得と同時にリピーターをつくり出していくための仕組みが必要不可欠なのです。

Chapter
2
マーケティングにおける成功法則

成功と失敗の法則	重要度　★★★★☆
# 04	競合他社
	差別化
	市場創出

すべての土台は「自社の立ち位置」を理解すること

他社を知り自社をポジショニングする

私が相談を受ける際に「御社の競合はどこですか」という質問をすることがありますが、担当者が競合している企業を明確に言えないことがあります。

仮に企業名や商品名を挙げたとしても、それが本当の競合であるのか、どういった点が競合しているのかまでの分析ができていないことは非常に多いのです。

仮に競合商品がドモホルンリンクルであったとしましょう。その場合、競合としてどこまで商品のことを理解しているのかというのはとても重要です。

例えば広告はどの媒体で出稿されていて、ランディングページのデザインはどうなっているのかということはもちろん知っておくべきですし、実際に購入してみて何日後に商品が届き、梱包の具合やパッケージのデザインがどうなっているのかをチェックすることも必要です。そして購入後、電話やDMはどのくらいの頻度で実施しているかなど、本当に競合と考えているならば、そこまで知り尽くして、分析をしなければなりません。

　つまり、競合だと「思っているだけ」ではダメなのです。「そんなところまで?」と思うかもしれませんが、そこまで細かく見て、はじめて競合を知ることができるのです。自社の商品の売り方とどこが同じでどこが違うのか。そういったところから、他社とは違う独自のポジショニングに活かせる情報が得られるのです。

最も強いポジショニングは「カテゴリーワン戦略」

　これから新規参入するメーカーや、すでに商品を販売しているものの売上が頭打ちになってしまっているメーカーにとって、現状の市場で大きな売上をあげるというのはなかなか難しいと言えます。

　その理由は、**競合があまりにも多すぎるからです**。既存の市場に新しい商品を作って投入したとしても、コストだけでなく時間もかかりますし、似たような商品がたくさんあるため、す

ぐに埋もれてしまいます。

　視点を変えて自分だけの市場をつくってしまうほうが、競合もおらずスピードも早い。マーケティングでは、こういった考え方を「**カテゴリーワン戦略**」と呼んでいます。

　ニキビ用化粧水を例にしてみましょう。ニキビと言えば、かつては顔のニキビに関する商品しかありませんでした。人前に出て気になる部分というのは顔なので、「ニキビ用化粧水といえば顔用のものしかない」と思い込んでいるメーカーがほとんどだったと思います。

　しかし、ターゲットを絞り込み、ニーズをリサーチしていくと、ニキビで悩んでいる人の中には、顔だけでなく背中のニキビに悩んでいる人が一定数存在していることがわかりました。これまで、人に見られるのは顔だけだと考えられていたところ、「背中を出すような服を着たい、でも背中のニキビが気になって着られない」そんな悩みを持っている人も多いことがわかったのです。

　そこで、背中専用のニキビ用化粧水を発売してみたら、これまで販売していた顔用の化粧水とは比べ物にならないほど大ヒットしました。切り口を変えて新しい市場を創出し、ターゲットの悩みにピンポイントに応える商品を販売したことで、その市場を独占することができたのです。もちろん、その後似たような商品はたくさん発売されましたが、先行者利益は取れましたし、何よりも背中ニキビの市場でのポジションは、現在ではしっかりと確立されています。

既存の競合の多い市場をあえて選んで参入するよりも、まだ誰もいないカテゴリーの市場を狙うのは、これから新規参入をしようとしているメーカーや、売上が頭打ちになっているメーカーのマーケティング戦略としては非常に効果的です。

「新しい市場を創出する」と聞くと難しい話に聞こえるかもしれませんが、実際には**既存の市場の切り口を少し変えるだけで良いのです。**まだまだ新しい市場はたくさん創出できると思います。

　カテゴリーワンをどのように狙っていくかの具体的な方法は、Chapter5「商品設計における成功法則」で詳しく触れていきます。

Chapter

2

マーケティングにおける成功法則

成功と失敗の法則

05

重要度　★★★★☆

イメージ

感情

差別化

商品の差別化には
イメージが重要

品質が良いからといって消費者に選ばれるわけではない

　多くのメーカーは、良い商品を作れば消費者がその良さを理解し、誰かが必ず手にとってくれると思ってしまいがちです。つまり、商品先行である「プロダクトアウト」の考え方で商品を販売しているケースが多いと言えます。

「この商品には〇〇大学の教授が発見した効果の高い成分が入っている」

「まだ日本にない特別な商品を輸入できることになった」

　そんな良いものだから、絶対に消費者に受け入れてもらえてすぐに売れるはず。そう考えて安易に発売日を迎える企業はと

050

ても多いのです。

当然、その商品はこれまでにないくらい良い品質の商品かもしれませんが、実際に消費者が自然とその商品の良さを理解して手に取ってくれるかと言うと、そう簡単ではありません。誰にも手に取られることなく、ほとんど売れ残ってしまう可能性すらあります。

消費者の視点を無視して商品を販売してしまうと、どんなに品質的に良いものであっても売上には繋がらないのです。

消費者がはじめて自分の知らない商品に出合ったとき、どこでその商品の善し悪しを判断し、購入まで至るのでしょうか。

それは商品に対して抱く「イメージ」や「感情」という直感的なものです。もちろん手にとった化粧品の中に含まれる成分や配合量を真っ先にチェックする人もいると思いますが、多くの消費者はイメージや感情を重要視し、商品の購入を決定しています。つまり、成分や効能以外の部分を消費者に伝えていかないと、自社の製品を選んではもらえないのです。その点を考えても、他社との差別化を図る際に最も重要になると考えられるのは、その商品に対するイメージだと言えるでしょう。

化粧品広告にモデルや女優が使われる本当の理由

よく化粧品の CM でモデルやハイクラスの女優などが起用されていますが、これは商品イメージのアイコンとしての役割を果たしていると言えます。モデルや女優を CM

に起用することで、消費者に商品を使うことで得られる具体的なゴールイメージを与えているのです。

「自分もあの人のようになりたい」

「理想に近づきたい」

　そのように消費者に思わせることで、他社の化粧品とイメージの面で差別化を行うことができます。

　消費者にとって重要なのは、商品そのものがどういった商品なのかではなく、自分が「どう感じているか」という点であり、自分が信じていると思えるものを信じるのです。

　そのことに最も強く影響を与えるものが、イメージ、つまり「見た目」なのです。見た目は関係ない、中身で勝負だ！というのは実は大きな間違いです。パッケージやボトル、化粧品自体の色味など、ユーザーに見た目で分かる部分は最も重要です。

　逆に言うならば、きちんと商品のイメージが伝わらない場合、商品のイメージは勝手に消費者につくられてしまいます。例えば高級化粧品を販売するのに、突然くじ引きがはじまり1等が当たれば商品が半額で購入できる、そんなランディングページをつくってしまうと、消費者にチープな印象を与えてしまい、本来与えたいはずの高級感のあるイメージを浸透させることはできません。

　もちろん安く購入することができるため、一時的には売上に繋がるかもしれませんが、その代わりに高級化粧品というブラ

ンドイメージは損なわれてしまうため、本来売ろうとしていた高級志向の化粧品の価格では高すぎると消費者が感じてしまい、売れなくなるという失敗に繋がるのです。

　商品は売れれば良いというだけではなく、どのようなイメージを持たせて売るかも重要です。商品のブランドイメージをどのように消費者に伝えるか、販売する際に考えることはとても重要なのです。

成功と失敗の法則

06

重要度 ★★★★☆

ストーリーテリング

物語

共感

あなたの売りたい
商品には
物語があるか?

ストーリーは消費者に商品の「本質」を伝える

つぎに、消費者に商品価値を伝えるには、どのような方法が効果的なのでしょうか。そこで必要になってくるのが「ストーリー」です。

商品の成分や効果を箇条書きにして書き連ねても、その良さは消費者には伝わりません。しかし、ストーリー仕立てにして紹介することで、どのような商品なのか、使うことでどのようなメリットがあるのかを、わかりやすく具体的に伝えることができるようになります。

「A」という植物を使った化粧水を例にしてみましょう。Aと

いう植物には赤ワインの34倍のポリフェノールが含まれており、抗酸化作用が強く、肌のコラーゲン・エラスチン・ヒアルロン酸の減少を阻害し、非常に高い保湿効果があります——。

これを「Aという成分は保湿効果があります」「赤ワインの34倍のポリフェノールが含まれています」といった形で説明しても、消費者はピンと来ません。そこで、ストーリーにすることでその商品の効果やその背景を効率よく伝えるのです。次のストーリーをご覧ください。

とある夫婦の話。

結婚して10年、30代半ばになった妻が、ここ数年ひどい顔の肌荒れに悩んでいる。毎日のようにクリームを塗ったりしているけれども、すぐに乾燥してつらそうなのが見て取れる。

ある日、会社の出張で北海道に行った際に地元の人たちと食事をする機会があったのだが、北海道の人は総じてみんな肌がきれいであることに気づいた。自分と同じくらいの年齢の人だけでなく、50代や60代の人もみんな肌荒れには無縁そうな、きめ細かいきれいな肌をしている。ふと興味が湧いて「普段、どんな化粧水を使っているんですか」と尋ねてみると、北海道など一部の地域にしか群生しないAという植物をそのまま顔にパックしているという話を聞いた。なんでも、北海道では昔からAを庭先で育てている人も多く、化粧品だけでなく

Chapter 2 マーケティングにおける成功法則

料理にも使う人もいるらしい。保湿効果が高く美容効果が高い成分が多く含まれていて、最近は様々な大学や研究所からも注目されるようになってきているそうだ。

　もしかすると、妻の肌荒れもAで良くなるかもしれない――。そう思って、Aをお土産として持って帰り、教えてもらった方法で化粧水を作って妻に使ってもらったら、肌荒れが嘘だったかのように収まり、とてもきれいな肌になった。

　ストーリー仕立てにし、物語として伝えることで「共感」できるポイントをつくることができるので、消費者の頭にも商品の魅力やイメージがすっと入っていくのです。これはストーリーで伝えるからこそのメリットだと言えます。

共感は消費者を動かすパワフルなトリガー

商品の価値を伝えるにはストーリーを使ったほうが非常に有効であるということは、理解していただけたかと思います。しかし、実際にどんな物語をつくれば効果があるのかとなると、なかなか難しいと考え込んでしまう方も多いかもしれません。

　商品のストーリーをつくる上で一番重要なことは、「**消費者が共感できるポイントをつくる**」という視点を持つことです。

この商品を使うであろう、ターゲットの心に残るような共感ポイントをしっかりとつくるのです。

　例えば先程のＡという植物を使った化粧水の例で言うと、奥さんの描写の中に「小さくてやんちゃな子供がいる」とか「共働きで仕事をしている」という設定を入れてみたりして「毎日忙しくしている人」「朝は特にお手入れする時間がない」そんな内容を付け加えてみるのです。そうするとターゲットの頭の中には登場人物と共感できるポイントがたくさん生まれ、どういう人に向けた商品なのかイメージがしやすくなります。

　商品の価値を浸透させるには「共感を持てるポイントを織り込んだストーリー」をつくることが重要です。消費者が自分に当てはまると思うようなストーリーをつくることで、その商品が自分にとって必要なものであるかのように感じ、購入してくれることになるからです。

他社製品を使うことを不安にさせるストーリーテクニック

また、ストーリーを使った別のテクニックとして、「他社の製品に不安を感じさせるような内容」をストーリーの中に盛り込むことで、自社の商品が他社の商品よりも優れていることを伝えることもできます。

　例えば、先程の化粧水のストーリーに、「余分な化学薬品は

入れず天然由来成分しか使わずに製造した」という過程なども加えれば、天然の植物を使ったオーガニックな化粧水なのだろうというブランドイメージが伝えられます。

あわせて、奥さんが化学成分が含まれた化粧品をずっと利用していたという経緯などを伝えると、今まで化学成分が含まれた化粧水を使って肌荒れに悩んでいた人、もともと化学薬品に抵抗があるような人などが手に取るきっかけを作ることができるのです。

もちろん他社の製品を貶すような形で言ってしまうと法律に引っかかりますが、ストーリーの中の自然な流れで自社の商品が他社よりも優れていることを伝えることができれば、消費者の購入意欲はぐっと高まります。

動画を使えば、ストーリーはより伝わる

最近では文章ではなく、動画やムービーを使って消費者に訴えるケースが増えてきました。動画のほうが文章より情報量が多く、情報が圧倒的に伝わりやすいのです。これはメラビアンの法則と言って、情報の受け手は視覚情報に最も影響されやすいという心理学の法則によるものです（次ページ図5）。「言語情報」「視覚情報」「聴覚情報」それぞれの情報が受け手にどれだけの影響を与えるのかを数値化した図からもわかるように、動画は「視覚情報」「聴覚情報」をフルに活用するため、より多くの情報を伝えることができるのです。

例えば朝日が差し込む部屋の中で、家族の分の朝食の準備をしながら慌ただしく身支度をしている女性の動画を見れば、「朝から忙しそうだな」「お母さんなのかな」「スーツを着ているから、仕事も持っているのだろうな」と、視覚から得られる情報の中から、各々の共感できる部分を自然と探すものです。
　こういった詳細な点も消費者が汲み取ることができるため、**動画を用いてストーリーを伝えるという方法は非常に効果があるのです。**

【図5】　メラビアンの法則

▶目・耳から入ってくる情報が印象の93％を決める

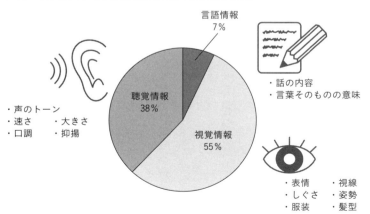

動画を活用した広告は、視覚・聴覚を介して複数の情報を与えることで、効果的にイメージを伝えることができる

成功と失敗の法則 **07**	重要度 ★★★★★
	ブランディング
	レスポンス
	顧客接点

ブランディングとは必要なものだと認識する

ブランディングとレスポンスの両立はユニクロに学べ

　マーケティングの仕組みづくりを非常に効果的に展開している企業と言えば、ユニクロが参考になります。ユニクロは「ブランディング」と「セールス」を上手く組み合わせたマーケティング戦略をとっています。

　オフィシャルサイトやテレビCMでは外国人モデルやアスリートなどを起用し、洗練されたイメージで商品が高品質であることをアピールしている一方、週末に家に届くチラシは洗練されたイメージとはかけ離れ、まるでスーパーのチラシのように価格の安さを全面的に押し出したセールス感の溢れるものとなっています。

060

前者がブランディングを意識した手法であることは、言うまでもありません。一方、チラシの方は実際の購買を促すための「セールス」に当たるものです。実は、この使い分けが非常に効果的なのです。

　テレビCMなどでブランドに対して良い印象を持ってもらった状態でチラシに触れることで、「高品質な」「洗練された」ものを、手に入りやすい価格で購入できることが伝わり、購買行動に繋がっていきます。

　もしユニクロがブランディングをせずに、安売りのチラシだけを配っていたらどうだったでしょうか。「安かろう悪かろう」というイメージを持たれて、顧客層も狭まっていたかもしれません。

　ブランディングは、「商品のイメージを消費者に認知させる」ことを目的としたマーケティング活動です。そのため、ブランディングにコストをかけても売上にすぐに直結しないという面はあります。

　しかし、「ブランディングなんてやってもすぐに売上があがらないだろう」「うちにはまだブランディングは早いから」という考えは間違っています。**ブランディングを行うことでセールスとしての広告の相乗効果は強くなり、また商品の本質的な価値やイメージを顧客に伝えることで、顧客を繋ぎ止めることができるのです。**

　マーケティングは、一度仕組みとしてつくりあげれば、ずっ

と使い続けることができる「資産」であるとこれまでにも述べてきました。

　現在の化粧品・健康食品業界における通販ビジネスにおいて、このマーケティングという資産を最大限に活用できたメーカーこそが年間売上30億円以上のTOP30に入れるのです。

　競合ひしめく業界の中で、他社から一歩抜け出すためにはマーケティングという仕組みづくりに正しく向き合っていくことが求められていると言えるでしょう。

セールスとブランディングを使い分ける

　では、通販で化粧品や健康食品を扱う皆さんの会社・商品においても「セールス」と「ブランディング」を両立させることは可能なのでしょうか。

　ここでポイントになるのは、**「顧客との接触点により、両方を使い分けること」**だと私は考えています。先ほどお話ししたユニクロの例では、CMではブランディング、チラシではセールスと大きく分けることができます。

　これがオンラインだとどうでしょうか。オンライン広告には様々な配信方法が存在します。その配信方法の違いをユーザーとの接触点としてとらえコントロールすることが可能です。

　例えばある商品を告知する場合、まずは成分や素材、開発ストーリーなどブランディング要素を重視した広告クリエイティブを出稿します。はじめてその商品に触れた消費者は、そこで

062

その商品についておおよそのことを理解します。

　次に、そのユーザーに対してリターゲティング広告をあてていきます。そこでの広告は、価格や特典を強調したレスポンスを重視したセールスのためのランディングページです。

　いまや、ユーザーは複数の広告に接触することが当たり前ですから、それぞれの購入までのプロセスを考えて設計することが重要です。「検索連動型広告にはブランディング」「リターゲティングではセールス」などと、ユーザーとの接点によってクリエイティブを分けておくことで、ブランディング的なイメージも訴求しつつ、レスポンスを効率よく取っていくことが可能になります。

　企業にとってのブランディングは価格競争から抜け出すための重要な要素です。しっかりとしたブランディングを行ってから販売に繋がるような広告を打つことで、価格競争をすることなく利益率の高い商品を販売することが可能になるのです。

成功と失敗の法則

08

重要度 ★★★★★

ターゲット
ペルソナ
女性インサイト

自社に「必要のない」顧客は誰かを知る

ペルソナのつくり方と問題点

　タ　ーゲットとしているユーザーが具体的に何を考えているのか、どういう価値観を持っているのか。こういった典型的なユーザー像を明確にするために、マーケティングではペルソナという架空の人物像を作ります。実際にその人物が実在しているかのように、年齢や性別、居住地、職業、役職、年収、趣味、特技、価値観、家族構成……など詳細な情報を設定していき、架空のユーザーとして人格（ペルソナ）を与え、商品開発やユーザーの需要を把握するのです。

　ペルソナの作成は簡単そうに見えますが、単純に想像でつくってしまうと実際には存在しないような人物像が出来上がって

064

しまい、分析として使えなくなるため注意が必要です。

ペルソナづくりよりもターゲットの分析が目的

　ペルソナはマーケティングとして分析できるレベルで詳細につくることが理想的です。例えば普段読んでいる雑誌や好きなテレビ番組、購入している服のブランドなど、細かければ細かいほど参考になります。しかし、先にも述べたように想像だけを膨らませてしまうと「本当にこんな人いるの？」となってしまいます。進めてみるとわかりますが、実在するような架空の人物像をつくることはかなり難易度が高いのです。

　もしこれからペルソナを設定しようと考えているのであれば、架空の人物ではなく、**周囲にいる実在の人物の中からユーザー像に近い人物を選び、その人から色々と話を聞いて、ペルソナを想定していくという手段が効果的**です。もし実際の顧客に協力を依頼することができるのであれば、売上ごとに顧客を分類し、そこで得られたデータを調査し、分析した内容からペルソナをつくることが最も理想的であると言えるでしょう。

　本来、ペルソナをつくる理由は、自社の商品を使っているユーザーがどんな悩みがあり、どんなニーズを持っているのかを分析することにあります。つまり、分析しその結果を活かすためです。目的はペルソナをつくることではなく、その後の分析が最も重要であることを忘れてはいけません。

065

顧客の個人的な関心事は何か

　ペルソナを利用し、顧客がどのような悩みを持っているのか、そのニーズを把握することができれば、その解決策が自社の商品になるようにマーケティングをしていくことが可能になります。解決策を伝えるために、顧客像にあった伝え方のパターンを考えるのです。

　例えばオールインワンゲルを例にとってみましょう。

　化粧水から美容液、クリームまで全てこの1本でまかなえる。そんなオールインワンゲルを販売するとき、売り方としては様々なアプローチが考えられます。「ラインで揃えるよりも安い」「他の商品よりも成分の種類が多く、何十種類も入っている」「ひと手間でスキンケアを終えることができて手軽」その内容は様々だと思います。

　顧客に訴求する表現には様々な選択肢がありますが、どの選択肢を選ぶのかとなったときに、想定している顧客像をしっかりと捉えていると商品は非常に売りやすいと言えます。

　例えばターゲットを子供がいる主婦と想定した場合「毎朝バタバタしていて時間がないあなたへ」「お弁当を作るのに忙しいお母さんへ」「たった1分でスキンケアが済ませられます」そのようなメッセージを伝えることができると、共感性が高まるためターゲットにも響き、商品も手に取ってもらいやすくなるのです。

また、商品のロットが限られている中小メーカーの場合、利益率を重視した販売戦略が必要になるため、価格も高く設定しなければ事業としては厳しいところもあるでしょう。

　高単価で売るためには顧客を説得する必要があります。そのため、販売のアプローチとして、化粧水から美容液、クリームとすべてラインで揃えるとだいたい 15,000 円もかかるけれども、このオールインワンゲルであれば、9,000 円ですべてをカバーすることができます。という形で顧客に訴求すれば、「ラインで揃えるより安く、しかも時短ができる」と、価格に対する説得力を持たせることができます。

　商品の顧客像をしっかりと想定すると、顧客が何に悩んでいるのか、関心はどんなことなのかを分析しやすくなります。顧客の関心事を把握することができれば、そこから悩みを創出し解決方法を提示することができるため、顧客の本当の姿を知ることはとても重要であると言えるでしょう。

成功と失敗の法則	重要度 ★★★☆☆
# 09	2ステップマーケティング
	トライアルセット
	フロントエンド

トライアルセットの販売はうまくいかない？

2ステップマーケティングの罠

試供品やサンプルなど、トライアルセットを販売し、商品の良さを実感して本品を買ってもらう。以前までは、この2ステップマーケティングをほとんどの企業が実践していました。

もちろんこの手法は今でも推奨されることが多いマーケティング手法です。消費者は最初から高いものは買わないというのが常識であるため、まずは低いハードルを越えてもらって、そこから次のハードルへ。「お試しなら……」そう思って購入するため、トライアルセットの販売は、化粧品や健康食品とは相性の良いマーケティング手法でした。

しかし、最近ではトライアルセットを用いた２ステップマーケティングが機能しなくなってきています。それには広告費の高騰、トライアルセット製造コスト、消費者の考え方の変化など様々な原因が考えられます。

　一番大きな原因は、新規顧客を獲得するコストがここ数年で高騰しているという点です。昔は 1,200 円のトライアルセットを販売するために、5,000 円ほどの広告費がかけられていました。しかし、最近では広告媒体により、15,000 円程度まで広告費が高騰しています。試供品やサンプルを安価に提供しても本商品の購入にまで至らず、獲得コストを吸収できるほどの利益が出せなくなってきているのです。

　もうひとつの大きな原因として、トライアルを使用している期間だけでは、消費者と十分なコミュニケーションをとることができないという面があります。トライアルセットを使うのはよくて１週間程度、短いと１日だけという場合もあります。この短い期間では、メールや DM でのアフターフォローで商品の魅力を高めることも難しく、使用後には顧客の熱も冷めているため次に繋がりにくい。結果としてメインの商品の販売にはうまく繋がらないことになってしまうのです。

「トライアル商品」は大手だけの戦略か?

基本的にサンプルやトライアルセットというのは、実際の商品よりも圧倒的に安い点が魅力です。ほとんどの企業が赤字を前提に提供しており、新規顧客獲得のための必要

コストとして割り切って安価に提供しています。そういったコストをかけた試供品やサンプルなどのトライアルセットを販売するからには、トライアルセットの購入後、顧客をメインの本商品の販売に繋げることは必須です。しかし、マーケティングの仕組みが出来上がっていないままトライアルセットを販売しても、価格の安さだけを魅力に感じる顧客しか購入してくれず、リピートには繋がりません。これが、2ステップマーケティングで失敗してしまう理由です。

　現在トライアルセットを用いた2ステップマーケティングを積極的に取り入れているのは、オルビスやサントリーなど資本力のある大手の企業がほとんどです。**大手企業は資本力だけでなく、試供品やサンプルの販売後の顧客の囲い込みの仕組みが完全に出来上がっています。**購入者にすぐダイレクトメール（DM）を飛ばしたり、コールセンターから電話をかけたりなど、マーケティングの仕組みがしっかりと整備されていることにも注目しておかなければなりません。

　資本力の低い中小企業であっても、このようなアフターフォローも含めた仕組みづくりができていれば、トライアルセットを取り入れる余地はあると思います。しかし、大手企業と同じレベルの環境を整えている企業はそれほど多くはないため、現状は費用対効果を考えるとトライアルセットの販売にメリットは無いと言えます。

　最近ではトライアルセットからの2ステップマーケティン

グに代わり、最初から月額の定期購入商品を販売する中小メーカーが増えてきました。トライアルセットの販売ではなく、定期購入の初回分を安くして販売する手法です。定期購入の販売であれば、初回分を安く販売したとしてもコストに見合った売上をしっかりと計上することができます。もちろん、トライアルに比べて価格は多少アップします。初回購入のハードルは上がることにはなりますが、アフターフォローが完全ではなくても継続されやすいというメリットがあるのです。

　おそらく今後も業界内での広告費の高騰は収まることはないと考えられます。そのため、資本力のない中小メーカーは広告コストを考えたビジネスモデルに転換しなければなりません。

成功と失敗の法則	重要度 ★★★★★
10	薬機法
	景表法
	ガイドライン

法律の知識を常にアップデートしているか

規制の厳しい化粧品・健康食品業界

化粧品・健康食品業界で生き残るために避けては通ることができないのが、薬機法や景表法などの法律に関する知識です。

2018年、ある青汁を販売していた企業が「飲めばやせる」と科学的な根拠もなく宣伝して商品を販売したということで、景品表示法違反の優良誤認にあたるとされ、約1億円の課徴金の納付が命じられました。このニュースは業界内でも大きな話題となったのを記憶しています。

化粧品や健康食品業界において、法律の知識は不可欠です。人の健康に直結する商品ということもあり、他の業種に比べる

と規制はかなり厳しいと言えます。実際、2018年に景品表示法に違反した52件のうち化粧品・健康食品関連の企業が23件と、かなり多いことがわかります。上記のニュースにもあるように、最低限の法律の知識を持っていなければ商品の魅力をしっかりと伝えられないだけでなく、多額の課徴金や謝罪のための広告の掲載など、金銭面や経営面で大きなリスクを抱えてしまう可能性があることは理解しておかなければなりません。

化粧品・健康食品を販売する上で知っておくべき法律

①食品衛生法：名称、添加物、期限表示等の表示の遵守
② JAS 法：原材料名等の表示
③健康増進法：栄養表示基準の遵守、健康の保持増進効果等に
　関する虚偽・誇大な表示
④景品表示法：優良誤認、有利誤認等不当表示
⑤薬機法：医薬品的効能効果等の標ぼう
⑥特商法：通信販売の広告の義務表示、誇大広告等

　ここに挙げている法律の中でも特に注意しなければならないのが、やはり「景品表示法」であると言えます。なぜなら違反した場合の金銭的なリスクが非常に高いからです。
　薬機法においても広告規制違反で「2年以下の懲役もしくは200万円以下の罰金、またはこの両方」が科せられる可能性があります。しかし、景品表示法は「2年以下の懲役又は300万円以下の罰金」に加えて、先に挙げた課徴金制度があり、より

罰則が重くなっているのです。

　訴求力の高い広告を作ることは非常に重要ではありますが、法に抵触してしまうと罰金や課徴金だけでなく、企業名も公開されます。これまで培ってきた商品のブランドが大きく損なわれることになるため、大きな損失に繋がってしまいます。

　ただ、法律で認可されている表現を意識しすぎてその内容に愚直に従いすぎてしまうと、商品の魅力を伝えることが難しくなります。そのため、メーカーとしては広告を作る際に法律に抵触しないラインがどこにあるのか、しっかりと見極めて広告の表現内容やメッセージを工夫しなければならないのです。

他社の広告表現を研究する

　大手の企業であれば社内に法務部があり、広告制作後にリーガルチェックの仕組みが存在していますが、これが中小メーカーになると担当者レベルで判断をしなければならないケースがほとんどだと思います。そのような場合、広告としてどこまでの表現を使って良いのかを見極めるラインとして、Yahoo! や Google、@cosme など有名媒体に掲載されている競合他社の広告を研究することが不可欠です。

　例えば Yahoo! に掲載されている広告をひとつずつチェックしていくのです。有名媒体は独自に表現の規制を行っています。特に、コンプライアンスのしっかりしている大手メーカーの広告を研究してみるといいでしょう。法律の範囲内で訴求力

のある表現を工夫しているため、とても参考になると思います。

　その他にも、違反事例を教訓にするという方法も有効です。

　消費者庁では景品表示法に違反した業者名と詳細を「景品表示法に基づく法的措置件数の推移及び措置事件の概要の公表」という形で公開しています。景品表示法で違反した業者がどのような広告表現を使ったことにより、法律に抵触したのかという詳細が具体的に説明されているため、広告表現のラインを見極めるための参考になります。

薬事法ガイドラインとJADMA評価項目

　自社で広告を作成する場合には、日本化粧品工業連合会が2017年に作成した「化粧品等の適正広告ガイドライン」に目を通し、どのような表現が問題となるかをしっかりと把握しておくといいでしょう。昔はこのガイドラインの解釈も曖昧で、表現の規制がかなりゆるい時期もありました。しかし、現在ではこのガイドラインが厳格に運用されています。

　化粧品などの広告に携わるすべての人が、適正で効果的な広告作りのための新たな指針となることを目的として作られたこのガイドラインは、化粧品に関する広告表現について丁寧かつわかりやすく説明しています。

　また、公益社団法人日本通信販売協会（通称 JADMA）では通信販売という視点から、通販事業者が遵守すべき基本的事項として、「通信販売倫理綱領」を定め、それに基づき作られ

た、「JADMA 広告適正表示の評価項目」を公開しています。

　この JADMA の評価項目はチェックリストになっており、特定商取引法・景品表示法・薬機法・健康増進法・個人情報保護法、それぞれの法律の広告表現に関する規制について確認することができます。

　これも商品販売をする上でとても重要な指針になりますので、ぜひ活用するといいでしょう。

　チェックしておくべきサイトを次ページの図6にまとめましたので、確認してみてください。

【図6】 チェックすべきサイトリスト

サイト名	出典	URL
景品表示法	消費者庁	https://www.caa.go.jp/policies/policy/representation/fair_labeling/
景品表示法関連報道発表資料 2019 年度	消費者庁	https://www.caa.go.jp/policies/policy/representation/fair_labeling/release/2019/
JADMA 広告適正表示の評価項目（チェックリスト）	JADMA	https://www.jadma.or.jp/abouts/joinchecklist/
Yahoo! プロモーション広告　広告作成のための薬機法ポータル	Yahoo! Japan	https://promotionalads.yahoo.co.jp/online/pmd_Act.html
化粧品等の適正広告ガイドライン	日本化粧品工業連合会	https://www.jcia.org/user/business/advertising

成功と失敗の法則 11	重要度　★★★☆☆
	ショッピングモール
	ECプラットフォーム
	多チャンネル

自社通販とモールを正しく使い分ける

安易なモール出店に注意せよ

通販で化粧品や健康食品ビジネスを始める際、「自社サイト」と「楽天やAmazonなどのモール（ショップ）」のどちらで販売をスタートしようか悩まれるケースが非常に多いように思います。すでに通販ビジネスをスタートされているメーカーでさえも「自社サイト」と「モール」の違いを正確に理解せずに運営されている場合も多いのではないでしょうか。

「自社サイト」と「モール」では、全く違った顧客アプローチであると考える必要があります。 その違いを理解せずに安易に販売をスタートしてしまうと、取り返しのつかない状況を招い

てしまいます。

　自社サイトは、顧客を直接創出し販売、育てていく、ダイレクトマーケティングを行うためのプラットホームとなります。つまりその活動のすべてが資産化していくのです。自社サイトでの販売であれば、お客様と直接繋がることができ、情報を得ながら長期的な関係を築くことが可能です。

　一方で楽天や Amazon のようなモールでは、単純に商品を販売する場所を提供されるだけであり、お客様の細かい情報も取れなければ、充分なマーケティング活動もできないというデメリットがあります。

　つまり、モールのお客様はあくまで「モールのお客様」であり、自社のお客様として様々な繋がりを持つことやマーケティングをしていくことは非常に難しいのです。

　また、出店のための手数料負担や、モールのシステム変更、規約の変更、送料やポイント負担など、アンコントローラブルな要素は挙げればキリがありません。

　さらに言うと、モール内での出店も激化しているため、モール内検索結果で優位な結果を得るための広告費なども想像以上に必要になることも覚えておくべきでしょう。

　モールだけに自社製品の販売とマーケティングを依存することがいかに不安定な状況か、ご理解いただけるかと思います。そういう点を理解せずに、ただ売りやすい、集客力があるからと安易に出店してしまうのは、私はおすすめしません。

店舗販売から通販参入時にひそむ罠

また、店舗での販売チャンネルを持つメーカーが通販事業を始める際に注意しておくべき点があります。

とある化粧品を販売するメーカーがオーガニック成分を贅沢に使ったBという化粧水を通信販売で展開し始めました。Bは店舗では入荷してもすぐに在庫切れになるほどの人気商品です。このBを自社サイトで販売し始めたところ、最初は順調に売れていきました。

しかし、ある日から突然Bの売上がみるみる下がってきたのです。不思議に思った担当者がネット上をくまなく調べてみると、なんとAmazonで正規価格よりも500円以上も安く販売されていたのです。しかもAmazonで購入すれば、送料無料で翌日には届きます。そのため、今まで自社サイトで購入していた顧客がAmazonに流れてしまったのでしょう。

こういった話は業界ではよくある話です。安く売っていたのは、新規で取引を始めた卸業者のようでした。商品を店舗に卸すのではなく、Amazonなどに横流しをしていたのです。

このケースではその卸業者を特定し、商品を卸すのをやめたのですが、このように、これまで店舗を中心に販売していたメーカーが通販を始めたときに多いのが、モールで安売りされてしまうケースです。通販はいつでも誰でもアクセスできるからこそ、価格のコントロール力を失い、安売りされやすいのです。

そもそも店舗と通販ではビジネスモデルが全く違います。小

売店舗はあくまで販売のための流通経路です。販売したあとの顧客をどうするのか、といった視点はそもそもありません。いわゆるマスマーケティングに近い考え方で、広く認知し販売していくことを求められます。そのため商品価格も手に取りやすい低価格、中価格が一般的でしょう。

　一方、通販はダイレクトマーケティングの考え方をとるのが一般的です。広く認知し販売するよりもターゲットを絞って、個人に深くアプローチしていく方法です。商品価格もより付加価値をつけた高価格帯で販売していくことが求められます。

　そのため、これまで店舗に卸していたものと同じ商品では通販には向いてないことがほとんどです。価格コントロールをしやすくするためにも、一般に流通していない通販専用商品を用意するなど通販だけのメリットをつくることが必要です。

　また、オフィシャルな価格よりも安くモールで販売されないよう、自社の公式ショップとしてモールに出店しておく戦略も必要です。

　そうしておけば検索結果に同じ商品が出てきたとしても、多少高くても公式ショップやオフィシャルショップで買ったほうが安心だというインセンティブが働き、売上を失ってしまう心配は少なくなります。

自社通販とモール販売のベストアンサー

は、自社通販とモール通販をうまく使い分けていくためにはどのような方法が良いのでしょうか。

図7に自社通販と通販モールの比較をまとめたとおり、それぞれ異なる特徴があり、Amazonや楽天などのモールで購入するお客様も多数いるということは事実です。しかし、直接お客様との繋がりをもち、継続的に顧客として維持していくためには、自社サイトにお客様を呼び込む必要があります。

　その際に必要になるのは「自社サイトで買う理由」です。お客様としては、同じ商品であれば「より安く」「共通ポイントが利用でき」「明日には手元に届く」など、モールで購入することのメリットを享受しています。それに対抗して、自社サイトで買うことのメリットや価値を積極的に伝える必要があるの

【図7】　自社通販と通販モールの比較表

	自社通販	ショッピングモール
イメージ	専門店	デパート
目的	リスト構築	商品販売・認知
売上アップの方法	ひとりの顧客へのアップセル・クロスセル	多数の顧客への販売
集客施策	既存顧客へのアプローチ	モール内広告
商品展開	テストやデータ分析	売れ筋商品
マーケティング戦略	他社との差別化	他社との優位性
価格設定	高付加価値	価格競争
コスト面	状況によって増減可能	半永久的に固定
顧客情報へのアクセス	無制限	一部制限
コントロール	コントロール可能	規約や手数料などプラットフォーマー依存

です。

　何か問題が生じても返品が可能であることや、サービス面やオフィシャルサイトで購入したほうがポイントの還元率が高いなどのお得感、誕生日には特別にプレゼントが届くといった特別感の演出など、自社サイトだけのメリットをしっかりと洗い出して伝えていなければ、消費者に自社サイトで購入してもらうことは難しいのです。

　例えば、ダイソンは全国の家電量販店でも同じ商品を販売しています。ただ、自社サイトでの特典を明確にしていて、積極的にサイトへの誘導を行っています。オンライン限定カラーが販売されていたり、非売品のスタンドなどが無料でプレゼントされていたりといった自社サイトならではの特典を受けられます。さらには、住所などをユーザー登録することで、様々なサポートが受けられます。こういった取り組みはモールと自社サイトの優位性を考える際にとても参考になるでしょう。

　モールでの売上がアップする分、全体でみれば良しとする場合もありますが、通販ビジネスとして「自社サイト」と「モール」との売上のバランスは非常に大切です。「モール」依存が高くなりすぎれば、手数料の値上げや条件負担増などによって売上の一部が簡単になくなってしまうことも想定されます。

　そういったことを避けるため、自社サイトで購入するメリットを常に開発し、顧客に伝える努力をしていく必要があるのです。

Chapter

3

レスポンスにおける
成功法則

本章では、広告のレスポンスに関わる要素を紹介します。
レスポンスとは「行動心理学」と「統計学」に他なりません。
その理解を深めていきましょう。

私はイチゴクリームが大好物だが、
魚はどういうわけかミミズが大好物だ。
だから魚釣りをする場合、自分のことは考えず、
魚の好物のことを考える。

―― デール・カーネギー ――

成功と失敗の法則	重要度 ★★★★★
12	広告 統計学 ABテスト

効果の出る広告を 予測することは 不可能

その答えは、消費者のみぞ知る

広告クリエイティブやランディングページを制作する際、きっとみなさんは熟考を重ねているはずです。「写真はこのほうがきれい」「他社と違うこの成分の効能効果を強く出そう」「このコピーはピンとこないから変えよう」といった具合です。

　こんな風に社内で何ヶ月も熟考をした内容なのだから、絶対に良いものになっているはずであり、消費者から反応が取れるものだ、と考えてしまうメーカーは多いのではないでしょうか。

　しかし、実際にその広告やランディングページを出稿してみ

ると、「思ったような結果が出なかった」「予想外のクリエイティブが良かった」ということは少なくありません。往々にして、自分たちの考えていた通りの反応が得られることは稀で、むしろ予想に反することのほうが多いものです。

「確実に効果のでる広告」とは何でしょう。それを事前に予測することは不可能だと言えます。そのため、**答えは消費者のみぞ知る**」というのが、マーケティングの世界では大前提の考え方です。

つまり、何ヶ月もかけて広告を制作するよりも、**スピード重視で広告を制作し、その反応をフィードバックとして変更や改善をしたほうが、結果として早期に良い結果を生み出すことができるのです**。そのためには、ある程度の妥協が必要となってきます。アメリカのある有名起業家が言うように、「狙え、構え、打て」ではなく「構え、打て、狙え」なのです。

ゴールは結果の出る広告を制作することですから、早いうちに実際に出稿し、消費者に答えを求めたほうが、良い広告が出来るまでの時間は短縮できるのです。

テストは義務と言われる理由

の際に利用される一般的な手法として、ABテスト（スプリットランテスト）が挙げられます。

これはキャッチコピーや画像を変えたランディングページを複数用意し、どれがより効果的なのか、一定期間内での成果を

検証するマーケティングの手法です。

　例えば「A」というページひとつしかなければ、もしそのページの反応が悪かったとしても「ダメだった」という事実だけでしか評価できません。しかし、「B」という別のパターンのページがあれば、それと比較し、どこが違ったからどのような効果を生んだのかを検証、改善することができます。

　ABテストでは、A・B両方のパターンの結果を検証し、その内容を比較することで改善点を導き出し、広告としての質を上げていくのです。正しくテストを行うことで、間違いなく広告効果や消費者からの反応は上がっていきます。

　クリック率やコンバージョン率など、統計上の数値で効果がわかるため、テレビCMや雑誌など消費者からの反応が直接わからない手法とは異なる、**ダイレクトマーケティングだけの特権**でもあるのです。

　ABテストから得られる市場からのフィードバックは、良い広告を作る上で非常に重要な情報になります。

大きな部分から小さな部分へ

　では、実際のクリエイティブのABテストはどのように行うべきなのでしょうか。

　ABテストは、「消費者に与える影響が大きな部分」から「小さな部分」へと検証を進めることがポイントです（図8）。

　例えば、化粧水の広告を作る場合を想定してみましょう。同

じ商品について「毛穴の悩みについてフォーカスし訴求していくパターン」と、「保湿効果の高さについての効能効果を訴求していくパターン」の2つをつくります。

　たとえ同じ商品だとしても、訴求する内容が異なるため、消費者に伝わる情報や印象は全く異なったものとなります。**具体的には、ファーストビュー（広告やランディングページにアクセスしたユーザーが最初に見る画面の範囲）において、どのような内容を訴求しているかが最も重要です。**

　このように、まずはわかりやすい大きな訴求軸をテストしていくことから始めて、どちらの訴求軸の反応が良かったかを検証し、効果の良かったものを採用していきます。そしてさらに別の訴求軸のテストを行います。

　その次は、もう少し細かい部分の表現やライティングの検証を行います。上記の例で言えば、保湿効果の高さに訴求するコピーを変えてみるとどうなのかを検証します。「潤い」という表現がいいのか、「極潤肌」という表現のほうが反応がいいのかなど、キャッチコピーも無数に存在します。

　表現のテストが終わったら、次に写真を変更してみるとどうなのかを考えてみます。商品の写真がいいのか、モデルの写真がいいのか、またはユーザーが撮影した雰囲気の写真がいいのかなどということです。大きな部分から小さな部分へと、段々と変更箇所を狭めていきます。

ポイントは、**コピーや写真など複数の要素を同時に変えるのではなく、どちらか一部のみの要素だけを変更してテストするということです。**複数の要素を変えてしまうと、どの変更が結果に影響したのかがわからなくなってしまい、テストの検証効果が半減してしまいます。

　ちなみに、AとB、2つのパターンで検証するよりも、ABCと3パターンあったほうが、より早く効果の高い広告を作るための情報が得られます。なるべく早期に効果の高い広告を作るため、最初から5〜10パターンのランディングページを用意し、検証することで、無駄な広告費を使わずに済むという面もあります。

　最近では「Googleオプティマイザー」といった無料で利用できるツールもありますから、それを利用することで効率的に広告効果のテストを行うことができます。

　このように、緻密な設計のもと、正しくテストを行っていくことで、間違いなく広告効果や反応が上がっていきます。なぜなら、悪い要素を排除して良いものを取り入れていくプロセス上、そのような結果が導き出されることは明確だからです。

【図 8】 クリエイティブABテストの考え方

▶影響の大きな要素からテストし、勝ちクリエイティブを開発

訴求軸	キャッチコピー	表現(画像・色など)

```
┌──────────┐     ┌──────────┐     ┌ ─ ─ ─ ─ ─ ┐
│          │     │  悩み訴求  │     │  悩み訴求  │
│  悩み訴求  │     │キャッチコピー①│     │キャッチコピー①│
│          │     │          │     │  画像A     │
└──────────┘     └──────────┘     └ ─ ─ ─ ─ ─ ┘
                                   ┌ 勝ちクリエイティブ ┐
      ∨                ∨           ∨

┌──────────┐     ┌──────────┐     ┌──────────┐
│          │     │  悩み訴求  │     │  悩み訴求  │
│効能・効果訴求│     │キャッチコピー②│     │キャッチコピー①│
│          │     │          │     │  画像B     │
└──────────┘     └──────────┘     └──────────┘

      ∧                ∨                ∨

┌──────────┐     ┌──────────┐     ┌──────────┐
│          │     │  No.1 訴求 │     │  悩み訴求  │
│  No.1 訴求 │     │キャッチコピー①│     │キャッチコピー①│
│          │     │          │     │  画像C     │
└──────────┘     └──────────┘     └──────────┘

      ∨                ∨                ∨

┌──────────┐     ┌──────────┐     ┌──────────┐
│          │     │  No.1 訴求 │     │  悩み訴求  │
│ 安全性訴求 │     │キャッチコピー②│     │キャッチコピー①│
│          │     │          │     │  画像D     │
└──────────┘     └──────────┘     └──────────┘
```

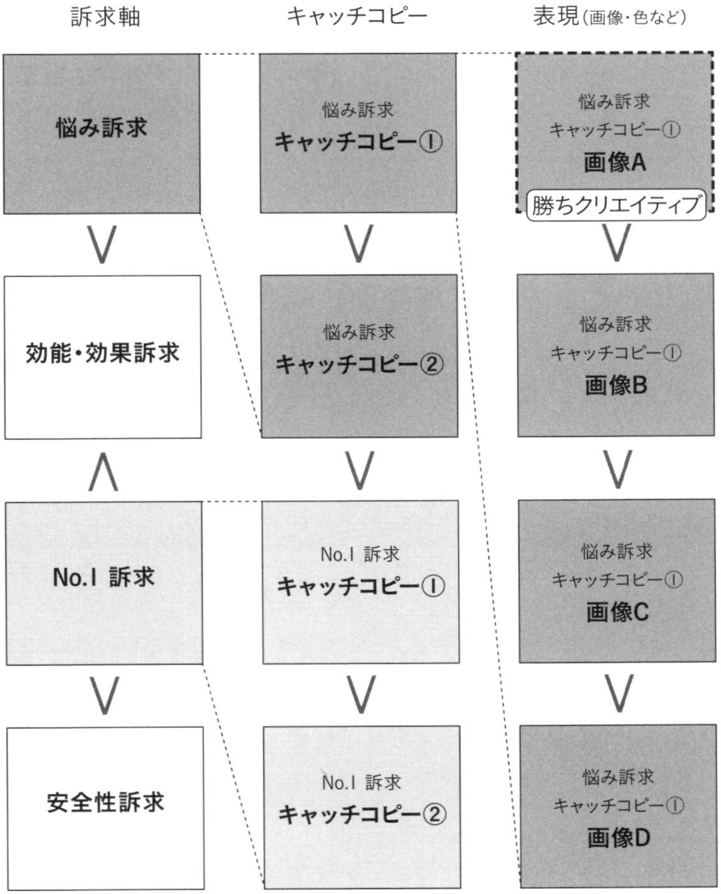

訴求軸(ヘッドコピー)＞キャッチコピー＞表現 (画像、色)の順でテストを行う。
影響の大きな要素から絞り込み、さらにブラッシュアップすることで
勝ちクリエイティブを開発する

Chapter 3

レスポンスにおける成功法則

成功と失敗の法則	重要度　★★★★☆
13	ターゲット
	オファー
	クリエイティブ

広告効果を左右する
3つの要素

「ターゲット＞オファー＞クリエイティブ」の順序で見直す

実は、先に述べたクリエイティブ AB テストを実施している企業でも、広告売上を左右するにもかかわらず忘れがちな要素があります。

「ターゲット＞オファー＞クリエイティブ」

広告の反応に与える影響は、この順序で大きくなるのです。

　一番に重視するべきなのは「ターゲット」です。つまり、誰に広告を見せたいのかということです。当然と言えば当然ですが、男性に女性向けの商品の広告を見せても反応は取れません。

　化粧品・健康食品業界で昔よくあったのは、アフィリエイト

092

などのポイントサイトに広告を掲載した場合に、サンプルゲッ
ター、ポイントゲッターと呼ばれる消費者ばかりが購入してし
まい、返品が多くなったり、そのあとの引き上げがほとんど取
れなかったりすることに繋がってしまったという例です。

　ポイントサイトをよく利用する女性と、美容雑誌が運営する
ウェブサイトをよく利用する女性では、その客層は当然大きく
異なるはずです。

　そのため、ターゲットのテストをする場合には、広告をどの
媒体に出しているかという点がポイントになります。年齢層か
ら趣味嗜好まで、全く違うターゲットがいそうなサイトに広告
を掲載して、反応を見てみるのです。いまの広告配信システム
は媒体基準ではなく、直接ターゲットに配信しています。ここ
での考え方は、このあとの項目で詳しく述べていきます。

　次が「**オファー**」です。オファーというのは、商品の価格を
はじめとする、消費者への条件の提案のことです。この条件提
示が弱いと、たとえターゲットに広告が届いたとしても、購入
には至りません。

　例えば、同じ毛穴の悩みを持った女性にリーチしたとして
も、学生と会社員では、１ヶ月に美容に使える額が違うかもし
れません。その際、適切なオファーをしていないと購入までは
至らないのです。

　意外に思われるかもしれませんが、オファーも市場の反応を
見て決定することがあります。例えば新商品の価格を 8,000 円

Chapter 3

レスポンスにおける成功法則

として販売するほうがいいのか、それとも 5,000 円として販売したほうがいいのか。これを検証するためにランディングページを両方作り、違う価格を提示して広告を出してみる。同じ広告ならば当たり前に安いほうが売れるだろうと思う人もいるかもしれませんが、実際にはそうではない場合もあります。「安いから売れるだろう」というのは思い込みの可能性があるため、まずは市場の反応を確かめることは重要なのです。

　そして最後に、「**クリエイティブ**」です。訴求・コピー・表現・写真などの部分となります。**実は、クリエイティブというのはこれまでお話しした 2 点を前提とするため、最後に見直すべき部分なのです。**

　「ターゲット＞オファー＞クリエイティブ」この順序はとても重要です。

　よく、「このランディングページのコンバージョンを改善したい」というお問い合わせを受け、ランディングページや広告を拝見することがあります。その際、コピーや表現などのクリエイティブ面よりも、**出稿している媒体や掲載面、オファーから見直したほうが良いケースが多々あります。**表現ではなく、その前の段階にあるオファーが顧客にとって魅力的でないということです。

　販売価格に限って言えば、もちろん十分に利益が取れてビジネスができる価格を提示しているのだと思いますが、その条件提示の方法が魅力的ではないのです。

クリエイティブばかりにとらわれると失敗する？

では、どのように魅力的なオファーを作るのがいいのでしょうか。

私がコンサルティングをした、ある健康食品を販売するメーカーを例にとってお話ししますが、これまで新規向けに販売していた7日分のトライアルセットをやめ、30日分の本製品を初回のみ半額で売る方法に変えたことがありました。トライアルセットでは本製品の引き上げまでに時間がかかり、利益を十分に取ることができません。そのため、直接本製品を販売しようと考えたのです。

初回半額とはいえ、当然価格はアップします。そこで私が提案したのは、**価格を上げた分、「商品価値」も同時に上げる**ことです。半額という値段でも、お試しセットの価格から見ると「オファー」が弱くなっています。そのため、プレゼント特典をつけるなど、商品を購入することの価値を上げる施策を打つよう提案したのです。

しかし、そのメーカーはこれまでトライアルセットが順調に売れていたということもあり、プレゼント特典をつける施策を見送りました。結果は、思ったような反応が得られず、担当者は困惑していました。顧客目線で考えると当然のことなのですが、これまで、トライアルセットが購入されていたのは安く手に入れることができてお得だと感じられていたからです。本製

品が初回半額で手に入るとしても、やはり割高だと感じられ、広告に対する反応は落ちてしまったのです。

　その後何度も訴求やクリエイティブを変更しましたが、少しずつしか反応が上がりません。最終的にオファーに特典を付けると広告効果は上がり、結果LTVも上がりました。

　確かにコピーなどクリエイティブの変更はすぐにできるので、そこを変えて反応を試したいという気持ちはわかります。一方でオファーは売上に関わってくるため、メーカーとしては簡単には変更したくないという部分はあるのかもしれません。

　ただ、広告効果を左右するのは「ターゲット＞オファー＞クリエイティブ」という順序であり、クリエイティブより先に見直すべき要素があることを理解していただければと思います。

成功と失敗の法則	重要度　★★★★☆
# 14	広告表現
	接触態度
	クリエイティブ

広告ごとの特徴を見極める

ユーザーマインドの違いを忘れるな

Chapter1 でも触れましたが、この 10 年で広告は大きく変化してきました。有名媒体に出稿し、不特定多数の消費者をターゲットにしていた時代から、Facebook などの SNS を介してターゲットそのものにリーチできる広告配信が可能になってきたからです。

そんな時代にも、広告配信する際に考慮すべき要素があります。それは、ユーザーの広告に対する接触態度（マインド）の違いです。

広告に対する接触態度とは、次の 3 つに大きく分類するこ

とができます。基本的なことですが整理しておきましょう。

　１つめが、**商品の認知を目的とした広告**。Yahoo! のニュース記事や個人ブログ、情報サイトなどに掲載されているバナー広告です。

　２つめが、過去に特定のウェブサイトや広告に訪問した人に表示される広告です。たまたまある商品のサイトを訪れたら、それと同じ商品の広告がずっと追いかけるように表示される。そういった経験があると思いますが、それが**リターゲティング広告**にあたります。

　そして３つめが、**ある目的や興味を持っていて検索をした際に表示される広告**です。

　この３つの広告では、ユーザーの接触態度が全く異なります。例えば、偶然表示されたはじめて目にする商品のバナー広告。これは１つめの商品の認知を目的とした広告に該当します。このバナー広告に反応してもらうためには、見た目のインパクトを出し、さらに潜在的なニーズに気づかせることが必要です。

　一方で、３つめのように明確な目的があり、消費者が能動的に検索した結果として表示される広告には、「悩み」に対する明確な「答え」のように、その目的にかなうものがあることを表現していなくてはなりません。

このように、広告表現やクリエイティブの内容を訪問するユーザーの接触態度によって変えることで、効果を出しやすくすることができます。なぜなら、**広告への接触態度が違うということは、それぞれが必要としている情報のレベルも異なるということ**だからです。

　その中には、購買意欲の高さ・低さも含まれます。はじめて知った商品の広告を見ただけでその場で「買おう」とはなかなか思いませんが、それをきっかけにあらためて商品名で検索したり、口コミをチェックしたりするかもしれません。そのため、広告表現としても「悩みを気づかせるようなインパクトのある表現」で、商品の認知を醸成することができるようなものが適切だと言えます。

　逆にリターゲティング広告では、悩みにはすでに気づいているため、商品のリマインド（再想起）を促せばいいわけですから、「ブランド名」や「オファーの強調」をしたほうが効果は高くなります。

　しかし、そういったことを理解せずに、すべての広告に対して同じ表現のバナー広告を掲載しているケースがほとんどです。接触態度を考慮せずにすべて同じ表現で消費者にアプローチすることが、いかに効果的ではないかをわかっていただけたでしょうか。これも、前項で述べた「ターゲット＞オファー＞クリエイティブ」の順と同様の考え方です。訴求を見直す前に、ターゲットの視点から考えておくべきだということがよく

Chapter 3

レスポンスにおける成功法則

099

わかる例ではないでしょうか。

　逆に、この点をしっかりと理解して広告を作ることができれば、広告としての効果は明らかに変わってきます（図9）。ディスプレイ広告からリターゲティング広告、最終的に自社のサイトへと誘導できるよう仕組みとして作ればよいわけです。

　段階を踏むごとにユーザーの購入意欲は高まっていくため、そこに合わせて商品の魅力や価値をしっかりと訴求していけるようにできれば、広告の効果は非常に高いものになります。

　今回はわかりやすく3つに分類しましたが、Facebook やInstagram などの媒体の違いや広告配信の方法の違いでも、ユーザーの接触態度は異なっているはずです。それを考慮した上で広告表現を作ることができれば、はるかに高い反応を得られるはずです。

【図9】 出稿面（ユーザーマインド）に合わせた広告クリエイティブの必要性

▶掲載面に沿った広告クリエイティブが必要

	ディスプレイ広告	検索連動型広告	リターゲティング広告	アフィリエイト広告
配信手法	関連性のあるサイトに広告表示	検索キーワードに連動して広告文を表示	一度来訪したユーザーに再度広告表示	商品紹介記事からページリンク
目的	認知	刈り取り（CV）	再認知、想起	商品検索時の第三者レビュー商品理解、欲求醸成
ユーザーマインド	課題、悩みへの気づき	ニーズが明確商品をもっと知りたい	購入への動機付け	商品のことは知っている情報を集めている、検討中
購入意欲	低い	高い	中	低い→高い
クリエイティブ重要ポイント	アテンション、インパクト	わかりやすさ、購入しやすさ	お得感、限定感など購入への強い動機付け	わかりやすさ、購入しやすさ

**各ユーザーマインドに沿ったクリエイティブ（訴求）を複数制作し、
それぞれの最大効果を目指していく**

成功と失敗の法則 **15**	重要度 ★★★★★ 行動心理学 購買行動 感情

行動心理学をもとに アイデアを考える

すべての人間に共通する行動心理を知る

行動心理学とは、人間のある行動を観察し、そのときにどういった心理にあったのかを分析した学問です。

人間の持つ基本的な欲求や心理は、人種や国籍、時代を超えて普遍的なものだと言えます。**その欲求や心理を、経済活動やマーケティングの観点から分析し、体系化したのが「行動心理学（行動経済学）」です。**

例えば、欲しいと思った商品をどのようなきっかけで購入したのか、毎月定期購入していた商品をなぜ解約するに至ったのか、どうしても買おうと思っていた商品をなぜ後回しにしたの

か、ということを分析します。つまり、人が何を考え、その行動をとるに至ったのか。その行動に伴う心理状態とロジックを分析する学問が行動心理学なのです。

　行動心理学は、「直接個々の消費者にアプローチして反応を得る」というダイレクトマーケティングを行うにあたり、非常に重要な考え方となります。なぜなら、ある行動に至る意思決定のプロセスを知っておくことで、人を動かすことがとても簡単になるからです。そのため、行動心理学の知識は、ダイレクトマーケティングにおいて最も重要なポイントになるのです。

「マズローの欲求5段階説」を理解する

　すべてのビジネス施策のゴールは、消費者にある影響を与え、狙った行動を取ってもらうことです。この書籍におけるテーマで言えば、「商品を購入してもらうためには、どのような影響を与えれば良いのか」と言い換えることができます。

　それを考える際に、絶対に知っておかなければならないのは人間の基本的な欲求を表した、「**マズローの欲求5段階**」です（次ページ図10）。聞いたことがある人も多いのではないでしょうか。人間の欲求を5段階のピラミッドで構成し、低階層の欲求が満たされると、より高次の階層の欲求を欲するという心理学の考え方です。

　この5段階の欲求を元に、「なぜ人は物を買うのか」と具体

103

的に落とし込んでいくと、**人が物を買う理由や本質的な要素が見えてきます。**

例えば「キレイな服を着たい」とか「異性から少しでもよく思われたい」など、誰もが思うような感情は5段階の欲求で言うと、「社会的欲求」や「尊厳欲求」があるから、と説明がつきます。そういった欲求を刺激することで「なぜこれを買うのか？」を理由づけできるようになります。

消費者を動かすための広告やオファーなど、様々な施策を考える際には、この理由付けをしっかりと意識した上で決めなければなりません。これは、消費者にどのようなメッセージを伝

【図10】 マズローの欲求5段階説

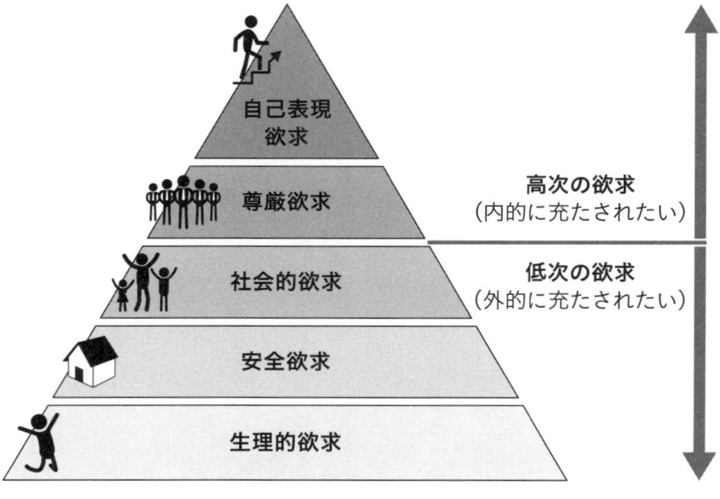

えるべきか、という表現の部分にも同様に当てはまります。あらゆる広告施策や表現を考える際に、ベースとなるのが行動心理学なのです。

人はなぜ物を買うのか

「マズローの欲求5段階説」に加え、覚えておくべき重要な原則があります。それは「**人はある感情を元にして何かを買う**」ということです。

みなさん、誰しもそうだと思いますが、何かを欲しくなる瞬間というのはあれこれ頭では考えていません。
「ああ、このワンピースとても素敵」「この時計かっこいい！」そんな直感的な感情が最初にあるのではないでしょうか。そういった感情が元にあり、それを正当化し、強化していくために、商品のスペックや自分の置かれた状況などの理由を集め、商品を購入するためのロジックを積み重ねていっているはずです。
「家に赤い服が足りないから、赤い服を買わなきゃ」そう考えて買う人はほとんどいません。多くの人は「自分の好きな赤色の素敵な服だなぁ」という感情を抱き、そのあとに「そういえば、赤い服はあんまり持ってなかったな……」という理由を重ねて、最終的に「買う」という行為に至ります。

また、**ブランド品であればあるほどこのような感情が大きく**

Chapter **3**

レスポンスにおける成功法則

105

影響します。高級時計のロレックスを例にとって考えてみましょう。時計の基本的な用途は、時間を知ることです。時間を正確に知るだけならば、今やスマホでも全く問題はありません。しかし、あえて何十万円もするロレックスという高級時計を購入するというのは、やはりそこに時間を知るという用途以外の価値を感じ、感情や欲求が満たされているからなのです。ロレックスを腕にはめることで、自信につながる人もいますし、「自分を立派に見せたい」と考えている人もいるかもしれません。

　物を売りたいならば、買う人の感情がどのように揺さぶられるのか、どう満たされるのかまでを意識するべきだと言えるでしょう。

【図11】 人が物を買う理由

	積極的な動機		ネガティブな動機
1	快適でありたい	1	不足を避けたい
2	健康でありたい	2	批判を避けたい
3	長生きしたい	3	孤独を避けたい
4	好奇心をみたしたい	4	怪我を避けたい
5	清潔でいたい	5	ダメージを避けたい
6	褒められたり尊敬されたい	6	身体的な苦痛を避けたい
7	流行に乗りたい	7	お金を失うことを避けたい
8	美しいものをもちたい	8	トラブルを避けたい
9	異性をひきつけたい	9	困難を避けたい
10	社交的になりたい	10	苦痛を避けたい
11	好かれたい	11	心配事を避けたい
12	愛されたい	12	恥を避けたい
13	個性を表現したい	13	努力を避けたい
14	魅力的でありたい		
15	エゴをみたしたい		
16	一番乗りになりたい		
17	エネルギッシュでありたい		
18	誰かの愛情を得たい		
19	性的欲求をみたしたい		
20	外見を良くしたい		
21	権威から承認されたい		
22	うまく買い物をしたい		
23	自慢したい		
24	自尊心を得たい		
25	称賛を得たい		
26	自信を持ちたい		
27	評判を維持したい		
28	他者より優位に立ちたい		
29	リラックスしたい		
30	環境を守りたい		
31	将来に向けて準備をしたい		
32	時間を節約したい		
33	将来のために安定したい		
34	問題を克服したい		

※一般的にはネガティブな動機のほうが人は動きやすい

Chapter 3

レスポンスにおける成功法則

```
column
```

今日から使える心理トリガーを使ったテクニック

●人の心を動かす「仕掛け」

では、具体的に人の感情を動かす方法にはどんなものがある
のでしょうか。

ダイレクトマーケティングの世界では、そのようなものを
「心理トリガー」と呼んでいます。心理トリガーというのは、
**顧客が何かを購入するときの「きっかけ」「決め手」になるよ
うな心理的な仕掛け**です。ここでは、化粧品・健康食品の販売
に役立つテクニックや、間違いやすい考え方を、具体例を交え
て紹介していきます。

●テクニック１　プレゼントはサプライズで

通販ビジネスでよく使われる手法が「プレゼント」です。

例えば、定期的に購入している商品に、おまけやサンプルが
プレゼントとして一緒に送られてくるといった経験がある方も
多いのではないでしょうか。こういったプレゼント施策におい
て間違いやすいのは、**「定期購入の何回目にプレゼントをあげ
ます」と事前に伝えてしまっているケース**です。

プレゼントがあることを事前に知らせてしまうと、それ自体
は嬉しいことでも「感情を大きく動かす」といった効果は期待
できません。つまり、「プレゼントをあげれば長く継続してく

れるだろう」というビジネス上の意図が消費者にも見えてしまい、その価値が半減してしまうのです。

　もらえると思ってもらうプレゼントよりも、ある日、突然プレゼントが届いてくる。こちらのほうが喜びを感じ「感動する」人は多いものです。特に女性はサプライズが大好きです。サプライズでプレゼントをもらうことにより、「自分にとっての特別感」や「優位性」も感じます。このような感情も相まって、ブランドロイヤリティ、つまりブランドへの愛着や好きという気持ちが醸成されやすくなるのです。

　もし、おまけやサンプルなどのプレゼント施策を考えているのであれば、サプライズとして送ったほうが効果的であることは覚えておきましょう。

●テクニック2　キャンペーンは一度だけで終了しない

　例えば、あるお試しセットを一定期間だけ通常価格の50%OFFで販売していたとしましょう。
　その期間が終了したあと、「好評につき、あと1週間期間を延長いたします」と、キャンペーン期間を延長するのです。こうすることで消費者の需要を一度で終わらせることなく、再度促すことが可能になります。

column

　これは、もともとキャンペーンに興味のなかった消費者に対し「いま買わないと次は本当に 50%OFF では購入できなくなる、損をするかも」と改めて思わせるきっかけになり、「あのとき買っておけば良かった」という後悔はしたくない、そんな感情を醸成することにもなります。この手の感情は、購買行動に関して大きな影響力を与えることができるのです。

　同じオファー内容で期間だけを何度も延長すると景品表示法に抵触する可能性が高くなるため注意は必要ですが、消費者を動かすという意味で非常に有効な手段です。

　期間限定のキャンペーンや割引の施策を実施した場合、キャンペーン期間が終了したら一度で終了するのではなく、反応がなかった層への最需要を促すためのテクニックとして使ってみると効果は高くなるはずです。

●テクニック3　メルマガの送信者は個人名を使う

　商品を購入したあと、サポートセンターやお客様センターからメールマガジンやサポートメールなどが届いたりすることがあると思います。

　アフターフォローにおいてメールマガジンなどの送付は、今でも非常に重要です。ただ、**せっかく送付したメールマガジンも読まれなくては意味がありません。**個人のメールボックスは

他社のメールマガジンやお知らせなどが追いきれないくらいに溢れかえっているのではないでしょうか。混沌としたメールボックスの中で開封率を上げるためには、いかに目立つのかを考えるしかありません。

　そのポイントとなるのは、「**件名**」と「**送信者**」です。
　そもそもメールというのは、個人と個人のやり取りの場、コミュニケーションの場でした。そのため、メールの送信相手が自分の知っている人であれば当然開封して内容を確認することになります。これを利用して開封率を上げるのです。
　具体的に言うと、アフターフォローやサポートなどのメールは、**組織ではなく、個人名を使って送信すると目に留まりやすく、開封率が上がってきます。**
「お客様センター」や「○○事務局」といった事務的な送信名で送られてきたメールは、メールボックス内で埋もれてしまい、開封しようとは思われません。
　しかし、「クリームチームマーケティングの山口」といった個人名を送信者に設定することにより、他の事務的なメールよりも圧倒的に目に留まりやすく、開封してもらえる確率も上がるのです。
　これは、私がオーダースーツを購入したときの話です。その店舗のテーラーとして担当していただいた方が、小林さんという方でした。通常のスーツ屋であれば、店舗で購入すればそこ

column

で関係性は終わりなのですが、家に帰ってみると小林さんから
メールが届いていたのです。さらに、その後も小林さんからの
メールは続き、顧客との繋がりをしっかりと意識した会社だと
私は感じました。

　内容は購入後のお礼メールにはじまり、季節ごとの夏服冬服
のおすすめ、定期的なセールのご案内などのメールマガジンも
送られてきます。これらのアプローチは、購入したあとのいわ
ゆるステップメールに組み込まれているものだと思うのです
が、送信者をテーラーの小林さんにしていることで、購入した
ときの感情をずっと持ち続けることができ、自然とメールを開
くことになったのです。

「オーダースーツ〇〇店からお知らせです」という件名にする
のではなく、「今日はありがとうございました」といった件名
と「小林さん」の個人名で送信されたメールは、とても親しみ
を覚えるものなのです。

　メールは、まずは開いてもらうことがとても大切です。それ
を実現するためには、よりパーソナルなスタンスで顧客に接触
していくことが、とても効果的です。

●テクニック４　大事なことは何度も伝える（刷り込み効果）

　ある女性が、これまでに使ったことのない新しいスキンケア
商品を使い始めました。スキンケア商品は、ある程度の期間使

用し続けないと、肌にどのように効果が出るのかはわからないものです。

　使っていくうちに肌の質感が変わったり、肌荒れが収まるなどの変化が現れてくるとは思いますが、消費者は本当にその化粧品を使ったことによる影響なのかは確信できません。

　体調がたまたま良かったということかもしれませんし、他の化粧品の影響かもしれません。

　その際、「この製品を使ったことでお肌に変化が起きた」「この製品が自分の肌に合っているんだ」と感じてもらうには、どうしたらよいでしょうか。

　実は非常に簡単なことで、**その変化を何度も顧客に伝えるのです。**

「お手入れしたときに、手にお肌がくっつくような感じがしませんか」「毎朝、化粧のノリが変わってきていませんか」「そろそろお肌の調子が良くなってきていませんか」と伝えてみるということです。

　実際は、スキンケア以外にも食事や生活環境など様々なことが影響して肌の状態に変化が起きているのでしょう。ただ、その効果にはこの製品が影響しているのだと伝え続けることで、製品を使っている顧客は「この製品の影響かもしれない」「この製品が私には合っているのかもしれない」という感覚になり

Chapter

3

レスポンスにおける成功法則

113

column

ます。**言葉にし続けることで、自然と自分が同じように感じているような感覚になるのです。**

効果をメーカー側からしっかりと伝えることで、製品の良さを感じてもらうことができます。結果、これからもこの製品を使い続けようと思わせることができるのです。

●テクニック5　売上ランキングを作ってみる

「みんなが持っているから、良いもの」「みんなと同じものだから、安心」

その製品の良さと、みんなが持っているかどうかという点に相関関係はなく、全く根拠はありません。にもかかわらず、このように感じてしまうことがあります。それを心理学では、**「バンドワゴン効果」**と呼びます。

行列で並んでいるラーメン屋を見ると「絶対においしいに違いない！」と思わず自分も並びたくなってしまいます。

一方、店の中を覗いてもお客さんが全然いないと、たまたまその時間帯にお客様がいないだけかもしれず、本当はとても美味しいのにもかかわらず、そういったお店は避けてします。これもバンドワゴン効果のひとつです。

この心理トリガーは、消費者の購買行動に大きな影響を与え

ます。「みんなが買っているから」という理由に基づく安心感は、売上に繋げることができるのです。

　これを利用したのが、「**売上ランキング**」です。「一番売れている商品だから一番良いもののはず」、そう安心して買ってしまう人が、非常に多いのです。

　しかし、化粧品・健康食品の EC サイトを見てみると、意外にも売上ランキングを作っていないメーカーが多い印象です。売上ランキングがトップページにあると、訪問したお客さんは必ず注目します。「なるほど、これが一番売れているのか」と、ひと目でわかるのがポイントで、逆にランキングがないと「結局何が一番いいの？」と、そのまま別のサイトに離脱してしまう可能性すらあります。

　ランキングに関しては EC サイト運営しているメーカーであれば、絶対にトップページに表示したほうがいいとおすすめしています。ランキングを作ることで、必ず売上に繋がってくるでしょう。

●テクニック６　選択肢は多くても「３種類」まで

　選択肢が多いことは、基本的には消費者にとってポジティブな要因となります。消費者が望むものを選ぶことができる、好きなものを選択できるという状況は、メリットだと考えるのが一般的です。

column

　しかし、行動心理学の観点では、**人間が正しく自分で選ぶことが可能なのは、多くても3つが限界だと言われています。**そのため、選択肢が10個も20個も存在すると、その中からどれを選択したら良いのかがわからなくなり、商品は購入されなくなってしまうのです。

　ある心理学の実験で、スーパーに缶詰を少数並べた場合と多数並べた場合で、購入された売上を比較しました。そうすると、少数を並べたほうが売上が高かったのです。
　これは通販化粧品、健康食品の販売にも当てはまります。
　例えば、ランディングページに自社が販売している商品の全てのラインナップを掲載した場合、そのページ訪問した消費者は自分が何を買ったら良いのか選択できず離脱する可能性が高いということです。

　人間にとって選択肢が多すぎる状況というのは、選ぶ行為が苦痛になるということ。つまり、商品を「選択し」「購入を決断する」その行為そのものが苦痛になってしまい、結果、購入を避けてしまうのです。
　もし、複数のオファーを作るのであれば、多くても3つまでです。どうにかして商品を売りたいという気持ちは理解できますが、そのすべてを提示していては、売れるどころか離脱に繋

がってしまいます。選択肢が多いほうが消費者にとっては良い
だろうと考え多くのオファーをしても、こういった消費者心理
を理解していなければ、せっかく訪問してきた見込み客をみす
みす逃してしまうことになるのです。

●テクニック7　与えてから取り上げる

　人は、これから新しく何かを手に入れるという利益よりも、
すでに持っているものを失う喪失感のほうをより大きく感じま
す。つまり、**得られる利益よりも、失うことによる苦痛のほう
が大きいのです。**

　そのことを上手くダイレクトマーケティングに応用している
事例が、これからお話しするクーポン券の施策です。

　メルマガにクーポンコードを掲載して配信するなど、クーポ
ンを配布すること自体はとても簡単で、ウェブ上だけでも完結
することが可能です。クーポン券などの割引施策自体はとても
有効ですが、それをいかに利用してもらうかは、また別の課題
となります。

　私がマーケティングをお手伝いするときには必ず、**クーポン
は実物、印刷物として渡すようにお話をしています。**クーポン
コードを紙に印刷して、実際に郵送するのです。

　なぜなら、クーポン券として実物を渡すことで、顧客はその

column

割引と同等の権利を手に入れたことを実感することができるからです。クーポン券というのは、ある商品を割引価格で購入できる、いわば「金券」です。50％オフや送料無料など、それを使うことによってその分、得をすることができる、まさにお金の代わりなのです。

渡されたクーポン券の期限が迫ると、多くの人はそのクーポン券を使わなければ損をするという心理が働きます。その結果、特に必要に迫られていない場合であっても、クーポン券を利用して商品の購入に至るのです。

使わなければ紙くずになる。それが喪失感に繋がり、失いたくないと感じてしまう。実物として財布などに入れてあるとその気持ちは余計に強く働きます。一度、手に入れたものは失いたくないという心理、これを理解していれば、様々な施策に応用できるはずです。

●テクニック8　何回も接触する

一度だけ会ったことのある人よりも、10回会った人のほうが好きになる。これは**「単純接触効果」**という有名な心理学の法則です。

「接する機会が多ければ多いほど、相手に好感を抱きやすくなる」という話で語られることが多いのですが、この法則はダイレクトマーケティングでも利用することが可能です。

この効果は、実際に対面で会うだけではなく、私たちがメインでお客様とコミュニケーションしている方法、つまりメルマガやDMなどにも当てはめることができます。

一度商品を購入したことのある化粧品メーカーから何度もメルマガやDMが送られてくると、全く送ってこないメーカーと比べると記憶にも残りやすく、「今月は届いていないな」と親しみさえ持つようになります。
「メルマガやDMを何度も送ったら、お客さんは鬱陶しいと思うのではないか」そんな疑問を持つメーカーがほとんどだと思いますが、実際にはメルマガを何度も送ることによって単純接触効果だけでなく、すでにお伝えした刷り込み効果も生まれるため、売上に繋がりやすくなるのです。

たとえ同じような内容のメルマガであったとしても、何度もメールボックスに入っていることで自然と親しみを感じるようになるのです。
どのくらいの回数、どれくらいの頻度で接触するのがベストなのか。それはケースバイケースではありますが、少ないよりも多いほうが確実に効果的が高いと、多くのメーカーでのケースを見て感じています。この話はとても重要なので、次のChapter4でもお話ししていきます。

Chapter

4

顧客管理と維持における成功法則

ダイレクトマーケティングにおいて最も重要だと言える
顧客維持と顧客管理（CRM）について紹介します。
化粧品・健康食品事業者にとって
課題を多く抱えている分野のひとつです。

お客様と一生のお付き合いをするという
視点で、すべて考える
──トニー・シェイ──

成功と失敗の法則

16

重要度 ★★★★★

顧客満足度

リピート施策

CRM

獲得したあとの顧客にフォーカスする

新規よりも既存顧客を優先すべき理由

売上アップを考える際に、まず「どのようにして新規のお客様を増やすか」と考えるメーカーがほとんどだと思います。新規顧客を獲得しやすい広告媒体やインフルエンサーなどの PR 活動について、様々な情報収集を行っているでしょう。

しかし、すでに通販ビジネスを行っているのであれば、新規獲得よりも優先して考えるべきことがあります。それが、**既存顧客へのアプローチです**。これまでに一度でも商品を買っていただけたお客様に目を向けてみると何千、何万単位でリストをお持ちのメーカーも多いものです。

ダイレクトマーケティングにおいては、新規に顧客を獲得す

るよりも、既存顧客からの売上を優先したほうが、はるかに効率的だとされています。

　新規顧客を獲得するには広告を出稿する必要があり、それに対するコストも大きくかかってくるからです。これまでお話ししたように、新規顧客の獲得コストは年々、高騰しています。

　一方、これまで一度でも商品を買ってくれたお客様のことを考えるとどうでしょう。彼女ら彼らの情報はすでに手に入っています。いつ、何を買ったのか、どのくらいの頻度で購入しているのか、いつ注文が来なくなってしまったのか。その情報を元に新しくオファーを設定し、既存のお客様個別にメッセージをつくり、そこから売上をあげると考えるのです。

　これは、**顧客情報を保持できるリストビジネス＝ダイレクトマーケティングを行っている企業にしかできないアプローチです。**当然、既存顧客へのアプローチを頻繁に行っているメーカーもありますが、運用やシステム上の問題もあり、すべての既存顧客を一緒にしてアプローチしているケースが非常に多くあります。それよりももっと効果的なのは、やはり顧客ごとに分類してオファーする方法なのです。

既存顧客の分類は「P＋RFM」で行う

既存顧客の分類方法として一番よく知られているのは、「RFM」で分類する方法です。RFMとは、直近の購入

時期を示す「Recency（リーセンシー）」、購入の頻度を示す「Frequency（フリークエンシー）」、購入金額を示す「Monetary（マネタリー）」の頭文字をとったものです。

こと、**化粧品・健康食品の場合は、そこに購入商品を示す「Product（プロダクト）」を前提条件として付け加えた、「P＋RFM」での分類が非常に有効です。**

なぜなら、全商品ラインナップの中から「どの商品をこれまでに購入したか」を知ることで、顧客分類をする上で一番影響の大きい「悩み」を把握することができるからです。

この4つの指標で分類を考え、オファーを設計していきます。

例えば、化粧水など基礎化粧品の購入者で直近の購入が1ヶ月以内、金額は1回平均6,000円の支払い、これまで6回購入している顧客がいるとします。この顧客は現在の優良客です。一方、12,000円の支払い、12回も購入していたが1年以内の購入がなくなってしまった顧客は、いわゆる「優良だった休眠客」と呼ぶことができます。

このように何パターンかに顧客層を分類して、それぞれに適切なオファーをしていくのです。

実際には、商品ごとに個別のオファーをしているケースはあると思いますが、そこから一歩踏み出して、P＋RFMまで分析してオファー設計をしているメーカーはごくわずかです。

細かい分析はオペレーションやシステムの問題が大きいことは理解できますが、ここまで個別のオファーをすることで、より適切なオファーを設計することができ、顧客ごとの反応率が

アップします。ぜひ取り組んでいただきたい施策です。

　しかも、**既存顧客にアプローチをするのであれば、新規に広告費をかける必要がありません。**メルマガやDMを送るだけでいいのです。新規顧客を獲得するコストに比べると圧倒的に費用がかからないため、その分、利益は大きくなるのです。

　DMには1通数十円というコストが掛かりますが、高騰している新規顧客獲得の費用に比べれば圧倒的に安いと言えるでしょう。

　新規顧客の獲得の前に、既存顧客をしっかりとフォローすることが大事です。既存顧客をおろそかにするのは売上を半分以上捨ててしまうようなもので、きちんとフォローできる環境は整えていくべきでしょう。

なぜ既存顧客はやめていくのか、その答え

既存顧客はしっかりとフォローをしていないと、あっという間に他社製品に心変わりをします。

　既存顧客がやめていく理由として挙げられる一番の理由、それは購入後のサービス、フォローが不十分もしくは普通だったということです。「心動かすコミュニケーションではなかった」ということが、離脱の理由になるのです。

　既存顧客は放置されるとリピートしなくなります。既存顧客

が他社に移った理由を探ったある調査では、何か明確な失態がクレームとなって他社に移ってしまったのは1割程度で、その他のほとんどが、特に理由もなくやめてしまっているのです。

　ハーバード・ビジネス・レビューによると、メーカーが顧客維持のための努力をするだけで82％の顧客損失を防ぐことができるというデータがあります。逆に考えると、ほとんどのメーカーが既存顧客に対して十分なフォローをしておらず、放置している状態にあるということです。

　手厚いアフターフォローの一例として、あるスキンケアメーカーでは、ユーザーの誕生日にプレゼント施策を実施しています。そのメーカーの誕生日プレゼントは驚くほど豪華で、「おめでとうございます」と書いた分厚い封筒の中に、高級シートマスクが入っているのです。おそらく、普通に購入しても1000円はくだらない、なかなかの高級品。そのメーカーは既存顧客の維持に相当なコストをかけて、顧客との関係を強固にしています。ユーザーにとっては手厚くもてなされているようで嬉しいし、顧客として大事にされているという感覚がしっかりと伝わるのです。

　前述した新規獲得コストに比べれば、プレゼントのためのコストのほうがやはり割安です。多少のコストをかけたとしても、既存顧客のロイヤリティアップやリピートが見込めるのであれば、問題にならないのではないでしょうか。

成功と失敗の法則

17

重要度 ★★★★☆

イベント販促
休眠顧客
メルマガ

接触頻度以上に
購入頻度は
上がらない

Chapter 4

顧客管理と維持における成功法則

接触する理由をつくる

はじめて商品を買っていただいたお客様に対して、「別の商品もありますよ」「新商品が来週発売します」と継続してアプローチをする。このように既存顧客との接点を定期的に持つことは、積極的に行っていく必要があります。

なぜなら、こちらから接触していかない限り、顧客から勝手に商品を購入してくれることは稀だからです。もちろんゼロではありませんが、一般的には、メールやDMなど、こちらからの接触によって、消費者が新たなニーズに気づき、商品が売れていきます。

そのため、「**接触頻度以上に購入頻度は上がらない**」という

ことは覚えておくべきでしょう。

　一人のお客さんから、より頻繁に注文が欲しいと考えるのであれば、積極的にアプローチを行い、接触頻度を高めなければならないということです。

　しかし、接触頻度を増やすといっても、何も考えずやみくもにメールやDMを送りつけるのは、工夫が足りません。

　私はよく「**季節やイベントごとに接触してください**」と、ご提案しています。季節やイベントとは、例えば「春の入学シーズン」や「クリスマス」や「バレンタイン」などのようなもので、掘り起こせば山のようにたくさんあります。

　単純に接触するよりも、季節のイベントや「母の日」、「顧客の誕生日」など、**理由をみつけてユーザーに接触する**ことで、**ユーザーが納得してメールやDMを開ける状況にする**ということです。

　よく「3ヶ月に1回30％オフセールをやっています」などの例もありますが、それだけでは、顧客にはセールをする理由まで伝わりません。ただの安売りだと思われては逆効果ですから、きちんと理由を明確にして接触するという事が重要なのです。

　例えば自社の設立記念日などを「〇〇（商品名）の日」などと独自に付け、そのタイミングに大々的なセールを行うなどでもいいでしょう。

　結局、既存顧客を維持するということは「顧客の関心を維持する」ということに他なりません。つまり、「以前利用したメ

ーカーだけど、最近も新商品が次々に発売されているな」など
と、関心を持たせなくてはならないのです。

「最近は何も動きがないな」と、関心を失わせてしまったら、
消費者はすぐに他のメーカーに移ってしまいます。常に顧客か
らの関心を失わないように、季節やイベントを利用して接触し
ておくというのは有効だと言えるでしょう。

月1から週1にメルマガの頻度を上げた結果

既存顧客に手軽にアプローチできる手段として最初に変
えられるのが、メールマガジンの配信です。

そこで問題になるのが「いつ、どのくらいの頻度で送ったら
いいのか」ということです。結論からお話しすると、**メルマガ
は、より多く、頻繁に送ったほうが効果的なようです。**「今の
時代メルマガなんて誰も読んでいないよ」と考えている経営者
や担当者も多いかもしれませんが、本当にそうなのかはきちん
と検証する必要があります。

大量に情報が溢れている現代においては、消費者は自分に関
係のないものは無視するものです。それはメルマガであろうが
LINE だろうが同じで、メディアの問題ではありません。

例えば、ドライヤーをモールで最安値だったショップから購
入し、そのショップから送られてくる他の電化製品のセールを
お知らせするメルマガであれば、確かに読まずに無視するかも
しれません。

しかし、これがもし自分の悩みや関心事に関する内容であれば、話は変わってきます。例えば、年齢を重ねてきて不足する栄養分を補うためのサプリメントを購入した人は、そのサプリメントだけでなく自分の健康や栄養素の働きなどに関するテーマにも興味を持っているはずです。そのため、そんなニーズを満たすための情報をもっと知りたいと考えているケースが多く、全く無視するということは少ないのです。

　また、メルマガやDMは、「**読まれないからこそ何度も送る**」べきです。例えば公共料金などの督促や役所からの重要な通知は、何度も何度もお知らせが届きます。封筒などの外観や宛名の体裁が変わっていることも多いはずです。それは、必ず内容を読んでもらい、行動を起こしてもらうための工夫なのです。
「メルマガを楽しみに待っている消費者はいない」その前提で考えると、メルマガを開くのは「たまたま」ということがとても多いわけです。そのため、タイミングがとても重要です。消費者のメールボックスにしかるべきタイミングでメルマガが届いていなければ、メルマガを開いてくれません。メルマガの件名やタイトルを工夫しつつ、何度も何度もアプローチすることで、消費者の目に留まり、行動してくれるきっかけとなるのです。

　これは以前、私がコンサルティングを担当したメーカーの話です。

そのメーカーは、月に一度しかメルマガを送っていませんでした。やはりあまり頻繁にメールを送るのはよくないと思い、その頻度にしていたようです。そこで、これまで月に一度の配信だったメルマガを「週に一度」に変更してもらいました。理由は先にあげたように、メールを読んでもらえるタイミングを増やしたかったからです。

通数を増やすといっても、基本的な内容は同じで、件名と冒頭の挨拶文だけ少し変更するだけ。それ以外はほとんど変えずに毎週送ってもらうようにしました。

メルマガの配信頻度を上げただけ、本当にそれだけのことでしたが、効果は明らかに出てきました。やはりユーザーの目に留まる確率が増えたのか、売上が大きく上がったのです。**中身をほとんど変えず、ただ月1配信を週1に変えただけ**でしたので、メーカーの担当者も驚いていました。

「自分だったら絶対に読まない」「私だったらうっとおしいと思ってしまう」と考えてしまいがちですが、やはりアプローチをかけないと販売には繋がらないという原則は理解しておく必要があります。「メルマガを送っても意味がないし、やめておこう」と根拠なく判断してしまうのは非常にもったいないですし、商品名やブランド名がユーザーの目に入るだけでも印象は全く変わってきます。既存顧客の接点として、メルマガはしっかりと送るようにしましょう。

成功と失敗の法則	重要度　★★★★★
# 18	顧客管理
	ロイヤルカスタマー
	顧客育成

最も価値のある
顧客を育てる

なぜ2割を大事にしないのか

2割の顧客が8割の売上をつくっている。これが有名な**「パレートの法則」**です。これは、ダイレクトマーケティングにおいても当てはまります。

既存顧客のなかでも、特にお金を使ってくれる「ロイヤルカスタマー」をどれだけ大切にしていくか、これで将来の売上は大きく変わってきます。

あるメーカーは、年間である一定額を購入している顧客のことをロイヤルカスタマーと位置づけ、優遇しています。その企業は、お米が原料の美容液を販売していて、お米自体も地方の

提携農家が育てたとても品質の高いものを使っています。

　そこで、毎年収穫の時期になると、そこで取れたお米をロイヤルカスタマー向けにプレゼントしているのです。「化粧品と同じく、栄養価の高いお米です。年に一度のこの時期にぜひご賞味ください」そのようなメッセージと共に、収穫時期に、ロイヤルカスタマーにだけプレゼントを送っているのです。

　突然お米が送られてきた顧客は、驚きや「自分だけの特別感」を感じることができます。「しっかりと自分を見てくれている」と、大事にされていることが伝わるのです。一般的なノベルティやサンプル品などをプレゼントするよりも、特別感を感じられる演出です。何よりも、自分がメーカーを支えているロイヤルカスタマーだという意識も芽生えさせることもできるため、うまく顧客の心を掴んでいる好例だと言えます。

　こういったロイヤルカスタマー向けの特別な取り組みに対しては、できる限り大きく投資をしていく必要があります。これまで何の施策も行っていなければ、その分、感じる効果も大きくなるでしょう。

お問い合わせ窓口の重要な役割

最近、ロイヤルカスタマー向けの対応窓口として、**電話によるカスタマーセンター**が改めて見直されています。メールやウェブのお問い合わせフォームだけではなく、顧客からの相談窓口として、電話での対応を行うことで、顧客の

ロイヤリティ向上に繋がるのです。

　本来、カスタマーセンターを設ける理由は、注文の受注や商品に対する要望やクレーム、お肌の状態に関する相談などがメインですが、個人的な世間話だけをされる顧客もいるそうです。

　そういった世間話の中で、親身に相談を受けたり話を聞いてあげたりするだけでも、新しい商品の購入に繋がることがあります。電話1本で何万円もの売上につながるケースもあるのです。

　特に、高齢のお客様でそのようなケースがよくあると聞きます。社会の変化に伴いカスタマーセンターの役割も変化してきています。**単純な受注やサポート窓口として対応するだけではなく、顧客に寄り添った対応することで、顧客にとってはまた違った価値を感じることができ、それが売上をつくっているのです。**

　そのため、効率化のみを考え、顧客との接触場所をウェブフォームのみに絞ってしまうのは非常にもったいないと感じます。もちろん、コールセンターを外注して大規模な窓口を作ると、人件費など固定費やコストは確実にかかってきます。

　しかし、直接電話で話ができるような窓口が存在していることで顧客の安心感や信頼度というのは圧倒的に上がりますし、結果的に他社との差別化や売上にも大きく影響してきます。そのため、どのような規模のメーカーでも導入を検討するメリットは十分にあるのではないでしょうか。

最上位品を用意する

ロイヤルカスタマーと呼ばれる層は、「価格」よりも「価値」を重視する傾向にあります。ある商品ラインナップ中、最上位の品質の商品であれば、一定数が興味を持ち購入を検討します。

例えば、8,000円で通常販売している美容液「A」があるとします。この「A」の美容成分を２倍にした「A プレミアム」という商品を発売した場合、価格を倍にして販売することは難しくありません。なぜなら、ロイヤルカスタマーは既存の商品を気に入って使い続けています。その中でさらに良いもの、最上位品と謳っているものがあれば、手に入れてみたい、一度使ってみたいと考えるものです。

ビジネス戦略としても、低価格で多数に売るよりも、少数に高い価格で販売するほうが圧倒的に効率的です。

顧客としても、メーカーが常により良い商品を提供しようとする考え方は歓迎ですし、それが自分の好きな商品やブランドであれば尚更です。

今の商品ラインナップに何を追加すべきか悩んだときは、人気商品の最上位品を用意することを一番に考えると良いでしょう。成分の含有量を増やしたり、パッケージを高級路線にしてみたり、新たな価値を付与することができれば、現在よりも高価格で販売できると考えられます。

Chapter 4

顧客管理と維持における成功法則

このように、すでに売上の大部分を担うロイヤルカスタマーにさらに価値を提供するにはどうすればよいかといった考え方も、売上創出には重要です。

ロイヤルカスタマーは育成していくもの

ダイレクトマーケティングにおける CRM とは、顧客獲得から維持、そしてロイヤルカスタマーへの「育成」という部分までを指しています。ロイヤルカスタマーとは自然に生まれてくるのを待つのではなく、「育てていく」ものなのです。メーカーは、ロイヤルカスタマーを積極的に創出することを考えていくべきです。

新規に顧客を獲得したあと、何度も何度も繰り返しアプローチすることで既存顧客として継続させていきます。そして商品の購入を継続した既存顧客への追加投資やアフターフォローを積極的に行うことで、ロイヤルカスタマーに成長させる。このように全体の道筋を意識して、戦略的に顧客へのアプローチをかけていくことが、ロイヤルカスタマーの創出には必要です。ここをしっかりと意識していなければ、すぐに他のメーカーに顧客を取られてしまいます。

これまでの投資が水の泡とならないようにも、継続したアプローチが必要だということは肝に銘じなくてはならないのです。

Chapter

5

商品設計における
成功法則

商品の品質が良いだけでは売れません。
その商品をどのように販売するのか、
商品設計の段階からマーケティングの視点を
持っておくことも重要です。

木を切り倒すのに6時間与えられたら
私は最初の4時間を斧を研ぐのに費やす

―――― エイブラムス・リンカーン ――――

成功と失敗の法則

19

重要度 ★★★★★

消費サイクル

LTV

顧客単価

ダイレクト
マーケティングに
適した商材とは？

1,200円の口紅は通販ビジネスとして成立するのか

ダイレクトマーケティングを用いた販売の仕組みを考えるとき、どのような商品が適しているのでしょうか。ダイレクトマーケティングでは、市場シェアを拡大することではなく利益を追求することが目的です。そのため、**消費サイクルが短く、よくリピートされる商材が適しています。**

例えば、口紅やファンデーションなどのメイクアイテムと、化粧水や美容液などスキンケアアイテムを比べた場合はどうでしょう。

口紅やファンデーションなどのメイクアイテムは、その時の

気分や季節などで度々変えることがあるかもしれません。「今日は少し気分を変えて違う口紅を使ってみよう」といった具合です。違う色味やブランドのメイクアイテムがたくさん余っている、といった消費者の方も多いのではないかと思います。

そのため、1本あたりの消費期間が2〜3ヶ月、あるいはそれ以上と、思った以上に長くなってしまうことが多々あります。

一方、スキンケアアイテムはどうでしょう。自分の肌との相性やテクスチャーの好みなどでひとつの気に入った商品を選び、毎日同じ化粧水・美容液などを使ってケアするのが一般的ではないでしょうか。「毎日違う化粧水を使ってみよう」とはならないのです。

つまり、メイクアイテムとスキンケアアイテムを比較した場合、その**消費サイクルがより短いスキンケアアイテムのほうがダイレクトマーケティングの商材としては適している**と言えます。

具体的にLTVを計算してみると一目瞭然です。例えば1,200円の口紅を通販で販売するメーカーがあるとします。口紅は消耗品ですが、意外にもその消費サイクルは長いものです。それに加え、別のブランドの商品を使い回すとした場合、半年程度は使い切らないこともざらにあります。

この口紅の消費サイクルを仮に3ヶ月間とした場合、年間

で4回しかリピート購入されません。目移りのされやすいメイクアイテムのなかで、運良く継続的なリピート購入に繋がったとしてもです。LTVで計算すると、1,200円×4回＝年間わずか4,800円の売上です。

　1年間で最大4,800円、これが通販ビジネスとして成り立つのかと考えると、非常に厳しいのではないでしょうか。さらに1年間に4回リピートしてもらうには、これまでお話してきた継続的なアフターフォローやアプローチなど、相当な努力が必要です。そんなリピート購入の施策を打ったとしても、年間の売上が4,800円ということです。

　さらに、リピート販売に至るためには、そもそも新規顧客を獲得する必要があり、広告費がかかります。それに加え、送料負担、人件費、サイト運用コスト、カートシステム、サーバーなどの諸経費、もちろん商品製造の原価までを考えると、とてもではないですが、ビジネスとしては成立しません。

　全国にドラッグストアなどたくさんの販売チャネルを持ち、薄利多売のビジネスモデルを目指すのであれば良いかもしれませんが、通販ビジネスで考えると、1,200円の口紅は商材として明らかに選択ミスであるということがわかるのではないでしょうか。

　一方、化粧水であれば1本5,000円〜6,000円などの価格設定にすることも可能です。また1ヶ月程度で使い切ることが多いでしょうから、6,000円×12回、単純計算で年間72,000円の売上となります。

その分、新規の獲得やリピート販売にかかる経費は大きくなるかもしれませんが、上に述べた口紅のケースと労力は大きく変わりません。

こういった視点を持って商材を決定しないと、いくら販売しても赤字のままといった、本末転倒のビジネスになってしまうことも少なくないのです。

売りづらいが離れにくいもの

LTV という観点から見ると、通販ビジネスではスキンケア商材のほうが圧倒的に有利であるといったお話をしてきました。では、「売りやすさ」という視点ではどうでしょうか。

実はメイクアイテムとスキンケアアイテムでは売り方、訴求方法などの特性が全く異なります。

一体何が違うのでしょうか。「売りやすさ」つまり訴求のしやすさという面から、両者の違いについて比較して考えてみましょう。

まず、口紅などのメイクアイテムを訴求する場合のメリットとして挙げられるのが、「他社商品との差異や使用前後の変化がわかりやすい」という点です。

メイクアイテムというのは、肌に塗布することで**実際に色や質感の変化を与えるような物理効果を持っています。** そのため、「色がこのように変わる」「肌の質感が自然に仕上がる」など、使用前後の違いが明確で、写真や動画を使い視覚的な変化を訴求しやすいというメリットがあります。ビフォー・アフタ

ーの変化をストレートに伝えられるため、消費者も購入の判断がしやすいのです。

しかし、わかりやすさが不利な点もあります。気分によって「じゃあ、今日は別の色も試してみよう」と目移りしてしまう可能性も高いのです。商品を使うことで変化がすぐにわかるので、他に良い商品があると知ったらすぐに変えられてしまう、いわゆる浮気されてしまう点はメイクアイテムのデメリットだと言えます。

一方、スキンケアはどうでしょうか。スキンケアアイテムはメイクアイテムと違って、効果の違いをひと目で伝えることはできません。メイクのように視覚的な変化がすぐに現れるわけではないため、訴求のわかりやすさという点ではスキンケア商品は劣っています。

しかし、その分効果を感じるまでに一定の期間が必要となってきます。つまり継続して使用することになるのです。しかも、一度気に入ってもらえるとなかなか他の商品にスイッチしづらく、浮気されないのはスキンケア商品の大きな特徴であり、メリットと言えるでしょう。

成功と失敗の法則

20

重要度 ★★★★★

健康食品
サプリメント
販売戦略

Chapter **5**

商品設計における成功法則

健康食品は
広告表現を
考えてからつくる

広告表現の規制が厳しくなっている

Chapter2 で、広告表現に対する法規制の厳格化に触れました。2018 年、景品表示法違反として消費者庁から措置命令を受けた企業のうち、実に半数以上が健康食品を販売するメーカーに対するものでした。また 2019 年 3 月末には年度末の措置命令ラッシュがあり、これまで専門家のなかでもグレーゾーンとされてきた内容に対して指摘が入るケースが見られました。このことは、多くの健康食品メーカーに衝撃を与えました。措置命令を受けると、不当な広告をしていた期間の売上から算出された課徴金が課せられ、最悪の場合、経営が破綻してしまうメーカーもあるようです。

なぜこのような厳しい状況になっているのでしょうか。サプリメントは口から摂取され体内に直接入ることになります。製品そのものに含まれる成分はもとより、どのように消費者に訴求すべきかなど、様々な法令によって規制を受けています。過去に個人輸入したダイエット食品で死亡事故などが起きたこともあり、健康被害などから消費者を守るべく、複数の法令に守られているのです。

　一方で、メーカーはいかに他社の製品と差別化して魅力を伝えるかを考えなくてはなりません。健康食品はあくまで「食品」という位置づけです。トマトにがんを治す効果があるとは言い切れないように、健康食品にある一定の効果効能があるといった表現はできません。
　しかし、各メーカーはどうにか自社製品の魅力を伝えるか知恵を絞っています。その意識が、規制ギリギリの表現方法に繋がり、法に抵触してしまう広告表現ができてしまうという問題点に繋がるのです。

　例えばビタミンＣのサプリメントを販売しようとする場合、どのような表現が適切なのでしょうか。
　先程お伝えしたように、サプリメントはあくまで食品という区分のため、薬のように具体的な「効果」を謳って販売することは法令で規制されています。
　そのため、実際に成分としてその効果があったとしても「これを飲めば、○○が良くなります」という表現を広告で伝える

ことはできないのです。結局、伝えられるのは「足りない栄養素を補完する」といったことのみです。

そうすると、他社商品との差別化も非常に難しくなってきます。競合となる他社の商品も成分はみんな同じビタミンＣという成分ですから、差別化ができません。せいぜい、含有量の違いをアピールするくらいです。

Web広告ではどうしても販売できない例

美容クリニックや皮膚科のお医者さんが専用の化粧品やサプリメントを開発し販売するのは、よくあるケースです。患者様の健康を思って様々な製品を開発する。それ自体は、とても良いことだと思います。ただし、**自分のクリニックだけではなくインターネットを使って広く販売することを考えた場合、広告表現が問題として立ちふさがることがあります。**

一般的に、開発者は製品そのものの効果について深く考え、製品化しています。このケースでは開発者が医師だけに、成分の持つ効能や身体への働きに関する知識が非常に豊富です。

クリニックなどでは患者さんに「これを飲めば、肌のハリにもいいですよ」と説明するのでしょうが、これを通販で行おうとすると法令の規制を受けることになり、同様の表現では販売できません。このように、サプリメントだとしても、薬のように効果を伝えながら販売することができると思って製品を開発

してしまうケースがあるのです。

　製品の良さを伝えることができなければ、誰もその製品に魅力を感じません。ほとんどの製品は広告表現まで考えて開発されていないため、結局何も伝えることができず「インターネットでの新規獲得がほとんどできない」と悩んでおられるケースが多々あります。実際にご相談いただいた医師の方と話すと「広告では何も言えないんですね」と驚かれることが多いのです。

世紀の大発見! 新規成分で本当に売れる?

　他社の製品との差別化を考え、これまでに無いような新規成分を用いた健康食品を開発するケースがあります。
　例えば、「ビタミンX」という成分を発見したとします。これを一定量摂取すると、体内の成分Yの値が改善し、疲労回復に効果的だとします。こんな成分を使ったものは今までどこも製品化していません。

　さあ、たくさんの人に利用してもらうべく広告を出そう、となったとき、問題が起こってきます。
　その「ビタミンX」の効果はどのように伝えるのでしょうか。先ほどお伝えしたように、効果・効能を謳った広告は厳しく規制されています。そのため、新規成分を使った製品の魅力を伝えることができないのです。

146

ビタミンCなど有名な成分であれば、「肌に効果がある」「風邪の予防に効く」など、効果を消費者側がある程度認知しています。しかし新しい成分である「ビタミンX」になると、その働きや効果を消費者が知識として持っていないため、それを使った健康食品が自分に必要あるものなのかがわかりません。つまり、製品としては画期的でも、その魅力を伝え表現する方法がないと売ることができないのです。

この問題に対し、消費者に新しい成分の知識を持ってもらうための啓蒙から行っているケースをご紹介します。

アサヒカルピスウェルネス株式会社では、「L-92乳酸菌」や「C-23ガセリ菌」などを使った健康食品を販売しています。これらの成分は、消費者にとってはあまり耳馴染みがないものではないでしょうか。

そこで、彼らは、そういった成分について詳細に説明するための、「『カルピス』由来健康情報室」というウェブサイトを作り、そのサイトの広告に力を入れるという方策をとりました。つまり、**商品紹介をせずに、成分知識だけを広める啓蒙のための広告を作っているのです。**

例えば「乳酸菌」についてはほとんどの消費者が「腸に良い効果をもたらす」「便通がよくなる」など、一定の知識を持っていると思いますが、これがL-92乳酸菌となるとどうでしょう。これまで知られていた乳酸菌と何が違うのか、その違いを

把握している人はほとんどいません。

　そこで、「L-92乳酸菌とは何なのか」というページを作り、このページ自体を広告の流入先としたのです。そこには商品の紹介は一切なく、「L-92乳酸菌がどういう菌であるか」ということや「アレルギーやアトピーに効果的」「花粉症にも良い」という内容を、科学的に説明しています。あくまで成分の知識を広く顧客に浸透させるためといった立ち位置の広告のため、商品販売のための法令の規制を受けることはありません。

　もし誰も認知していない新しい成分が含まれた商品を販売するのであれば、まずはこのように成分知識を啓蒙するような段階的なアプローチを取る方法が最も効果的だと言えます。

　特にサプリメントに関しては、科学的な検証結果やエビデンスなど、伝えたいメーカーの想いはたくさんあると思います。その想いを伝えるのであれば、現状ではこのように「認知→販売」というステップを踏んでから購入させるアプローチをおすすめします。

　こういった方法をとると、「成分認知」という直接的にはお金を生まない部分に、広告費やランディングページの制作費などコストをかける必要が出てきます。しかし、それこそが自らのポジションを確立し、継続的な売上をあげるための一番の近道になると私は考えています。

最新のカスタマイズサプリ販売

こ こ最近、「DtoC」というキーワードが聞かれるようになりました。Direct to Consumer という意味で、直接、消費者に商品を届ける販売方法です。これを利用したあるサプリメントメーカーの例をご紹介します。

そのサイトにはいわゆる商品一覧はありません。ウェブ上でアンケートに答えると、一人ひとりに合ったサプリメントが提供されるのです。「よく眠れない」「お肌の調子がよくない」というように、アンケートの質問に答えていき、最終的に「あなたに足りない栄養素はこれです」という形でサプリメントが提案されるのです。複数の成分があり、その配合量などによって、個人個人の悩みに合わせた製品が出来上がります。こういったやり方は、法規制の非常に厳しい健康食品において非常に工夫された販売方法です。

何度も言うように、サプリメントの場合は「寝付けない場合にはこのサプリ」「肌の調子が悪いならこのサプリ」という表現で広告を出すことはできません。

しかし、このやり方であれば顧客のニーズに合わせたサプリメントが提案され、直接効果を謳った商品を選ばせているわけではありません。

また、個人にあった製品を提案しているため「自分だけにカ

スタマイズされた専用のサプリメント」というイメージも与えることができ、長期的な継続購入も期待できます。このような販売方法が出てきた背景には、やはり広告規制の問題が与える影響も大きいのでしょう。

　健康食品を販売する際には、どのような表現で広告を作って販売まで持っていくのか、開発する最初から頭に入れておかなければなりません。
「新しい成分だから入れてみよう」と安易に考えるのではなく、その成分の顧客への認知や準備はどうするか、そこまで想定し、様々な準備を整えておく必要があるのです。

成功と失敗の法則	重要度 ★★★★★
21	カテゴリーワン
	市場創出
	ニッチ戦略

Chapter **5**

商品設計における成功法則

特定の悩みに 特化した商品が有利

カテゴリーワンという考え方

Chapter2 でもお話ししましたが、競合の多い業界において「カテゴリーワン」を取ることは非常に重要な考え方です。

「カテゴリーワン」というのは、これまでにない新しいカテゴリー＝市場を生み出し、その中で一番になるという考え方です。ビジネス戦略、特にダイレクトマーケティングにおいては「他社と競争して勝つ」ことはナンセンスであり、競争をしないからこそ勝てる、という戦略が最も有利にビジネスを進めることができます。

151

特に中小メーカーであれば、他社がひしめき合うカテゴリーで争っても、先行者に勝つことは非常に難しいと言えます。一方、自分が作った市場であれば競合はいないため、いきなりトップになれます。この考え方がカテゴリーワン戦略です。

自分だけの市場を作るというのはとても難しいと感じるかもしれません。しかし、まったく世の中に無いものを作るわけではなく、**視点を少し変えるだけで新しいカテゴリーを作ることができるのです。**その一例をご紹介します。

どの業界でもそうですが、製品とは人の悩みを解決するソリューションとなっています。例えばエアコンは「暑くて不快だなあ」という悩みに対して室内の温度を下げるための解決策です。掃除機であれば「掃除を楽にできたらいいのに」という悩みに関する解決策です。

化粧品や健康食品は、消費者の美容や健康の悩みを解決するものです。そこで、その悩みを洗い出す方法として**「体の部位」×「悩み」でマトリックスを作り、これまでにフォーカスされていなかったニーズを見つけていくのです。**

例えば、次ページの図12のように頭皮、おでこ、目もと、など体の部位を横軸に、次に「ニキビ」や「肌荒れ」「毛穴」などの悩みを縦軸に書き、それをかけ合わせた内容を新たなニーズとして検討していくのです。

「おでこ×ニキビ」は普通の悩みかもしれませんが「腕×ニキ

152

【図 12】 カテゴリーワンのマトリックス（一部）

部位\悩み	頭皮	おでこ	目もと	ほほ	ほうれい線	あご	くび	デコルテ	・・・
シミ									
しわ									
たるみ									
くすみ									
ニキビ									
肌荒れ									
毛穴									
乾燥									
ベタつき									
ハリ弾力									
そばかす									
・・・									

全体版は巻末の読者特典ページ
よりダウンロードできます

ビ」や「おしり×ニキビ」などの悩みにフォーカスすれば競合はいないかもしれません。このように組み合わせると、今までに誰も目をつけていないカテゴリーが出てきます。

もっと絞るならば、そこで作った新たな悩みにターゲットをかけ合わせます。例えば「子供を持つ主婦」「仕事を持つOL」「ゴルフが趣味の高齢者」などです。そうすると、無限に新しいカテゴリーを創出できるのはないでしょうか。

実際にニーズがあるのかなどの調査は必要にはなると思いますが、実際にこの手法で新しいカテゴリーを見つけて成功したメーカーもあります。カテゴリーワン戦略を進める場合にはぜひ参考にしてみてください。

また、広告コストの面でもカテゴリーワン戦略は有効です。例えば、商品を販売するために広告を出す場合です。リスティング広告であればキーワードごとにいくら費用をかけるのかオークション制になっているため、競合が多ければ多いほど広告費はかさみます。そのため、いかに競合のいないワードを見つけて検索してもらうのか、常に工夫しなければなりません。

逆に言うならば、競合がいないキーワードがあるなら、安く広告を掲載することができるということです。もちろん、見つけたキーワードを検索する人のボリュームが少ないという場合も考えられますが、カテゴリーワン戦略では、検索ボリュームは少ないからこそ良いという考え方になります。

極論を言うならば、すでに検索されているという時点で、そ

れはカテゴリーワンにはならず、競争の中に身を投じることになるのです。

　検索が全くされていなくても、その市場を自分が育てるというスタンスで取り組むことで、将来的な優位性を確保できることになります。もちろん、簡単には売上に繋がりませんが、それでも競合が多い中で戦うよりも、成功する確率は高くなるはずです。

成功と失敗の法則	重要度　★★★★☆
# 22	LTV
	認知価値
	威光価格

商品価格は LTVの最大化から 考える

5,000円より10,000円の化粧品を売る？

商品の価格を決める際に、「安いほうが売れるだろう」と考える方が多いのではないでしょうか。「顧客が手に取りやすい価格のほうが、売るのには適切」こう考えるのは比較的一般的な感覚だと思います。

　しかし、実際に安い価格に設定すれば売れるのかというと、そうとも限らないケースがあります。商材や売り方によっては、価格を高く設定したほうが売れることも多いのです。製造コストや需要を考慮して決めた価格ではなく、製品やサービスの質やそれを消費することによってステータスの高さを消費者

に感じさせることができる価格を「威光価格」と言います。設定された価格自体が、その製品に価値を与え、「高品質」で「特別感」があるなどのイメージを伝えることに寄与しているのです。

　なぜこういったことが起きるのか、次の例で説明してみます。例えば、100gで500円のお肉と100gで2,000円のお肉ではどちらがおいしいでしょうか。よくテレビ番組で、ある商品を対象にしてどちらが高級品なのかをクイズにしたものがありますが、なかなか正解を当てるのは難しいようです。つまり、実際に人間はそこまで本質的な価値を判断することはできていないのです。逆に言うと、「100gで2,000円だからおいしいに違いない」と脳が判断して食事をしているとも言えるのです。

　こういった働きを利用している最たる例が、ブランド品です。顧客が購入し、所有することでそのステータスの高さを示すような価格をつけているのです。
　化粧品や健康食品も、この威光価格の効果を利用しやすい商材だと言えます。

　商品の価格を決める際に「5,000円と10,000円どちらが良いか」となったら、みなさんの会社ならどのように判断するでしょうか。この時、「5,000円のほうが安いから、消費者は手に取りやすく売れるだろう」「市場にこの価格帯が多いから」「競合より安くしよう」と判断してしまうケースが非常に多いのです。

しかし威光価格という働きがあることを知っていれば、ある一定の価格のほうが製品自体の効能効果を高く感じてもらえる可能性がある、という判断ができるのです。

　化粧品や健康食品の価格設定に悩んだ際は、安くするよりも高くしたほうが良いと考えるべきでしょう。価格を高くすることで利益率はもちろん高くなりますし、購入する顧客がその価格の商品を使うことで感じる満足感も大きいため、デメリットが存在しません。

　むしろ、商品の価格を安くしてしまうと、威光価格とは逆の効果が出てしまい「あまりお金がかかっていない安物」「安いものは低品質」と勝手にイメージされるデメリットも生じてきてしまいます。安い価格なりの化粧品として認知されてしまうのです。

　その際に注意しなければいけないことは、ただ単純に価格を高くすれば勝手に売れるというわけではありません。**高価格で販売するためには、その価格に見合う価値を消費者に伝える必要があります。**高単価で販売しているきちんとした理由付けができなければ、顧客も納得して購入することはありません。**この理由付けこそがメーカーの仕事であり、マーケティングと言い換えることができます。**

　価値を説明する一例としてあげられるのは、その製造工程に他の商品よりも人手や時間が多く掛かっていることを説明しているケースです。「この化粧水を1個作るために、このくらい

の工程を経て、何十人の人間の手をかけて丁寧に作っている」といった説明です。また他にも、「この量の材料から一滴しか取れない原料です」など、どれだけその商品が貴重な成分で作られているのかをしっかりとアピールしているものも、高価格で販売するための価値説明です。

「こういう理由があるから、この価格で提供している」──そう説明することにより、顧客はその価格に納得します。もちろん説明する内容は嘘ではなく、事実を伝える必要がありますが、それを伝えることで、顧客も「なるほど、だからこの価格なのか」と納得します。

　化粧品メーカーの多くは OEM で商品を製造しています。そのため、顧客を納得させるようなエピソードは無いというメーカーもあるかもしれません。その場合には、OEM の担当者にヒアリングをしたり、実際の製造工場に行き「どうやってこの化粧品を作っているのか」「どんな苦労があったのか」「どういった品質チェックをしているのか」などと質問してみると、製品を高価格で販売するための新たな価値を発見できるかもしれません。こういったマーケティング活動を重ねることで、はじめて威光価値も正しく働くと考えられます。

価格＜価値を重視する

なぜ、価格は高く設定したほうが良いのでしょうか。もう一歩突き詰めて考えてみましょう。

商品を販売するには多くの人手や工数がかかってきます。これまでにお話ししてきた新規獲得コスト、メッセージやクリエイティブの制作、アフターフォローなど、どれが欠けても正しく機能しないでしょう。その仕組みづくりは商品の価格に関わらず一様に必要なものです。つまり、「価格を安くすればどれかひとつでも省くことができる」そんなことは無いのです。

仮に、肌への保湿力の高い化粧品を探す消費者に対して、価格の違う商品を販売するとします。5,000円の化粧水と、10,000円の化粧水。5,000円の化粧水を販売した場合でも新規獲得コストは半分にはなりません。

さすがに100円と10,000円の価格差であれば、新規の獲得コストもだいぶ変わってくるかもしれませんが、販売している価格が5,000円と10,000円であれば、そこまで獲得コストに大きな差は出てこないというのが実際のところです。

それであれば、より高単価の商品を販売したほうがビジネス効率としては高くなると考えられるでしょう。

10年以上この業界をみていると、単純に価格だけでものが売れているのではなく、消費者も価格と価値を吟味して購入す

るようになってきているのを感じます。

　様々な情報が溢れる中で消費者が賢くなっているということもありますし、美容と健康に関して意識が高い層と薄い層、二極化していることも考えられます。

　例えば、野菜でも無農薬野菜や有機野菜など、「高くても安心」という価値が重視されて商品が選ばれる傾向になってきています。「価格が高くても良いものが欲しい！」そう考える傾向が増えきているのです。

　もちろん安いものが欲しいという消費者も以前と変わらず存在しますが、単純に商品の価格ではなく、きちんと価値を見る消費者が多くなってきたという印象です。

　新規顧客獲得コストが高騰していることもあり、商品の安売りは、業界内で生き残れるかどうか、という経営課題に直結してしまいます。価格を下げて販売しても様々なコストのほうが高くなってしまい、結局利益がほとんど取れないというのが現実なのです。

　メーカーは小売店とは違い、価格を高く設定することができます。小売店は自社の商品は持っていないため、価格競争で消費者を引きつけようとしますが、メーカーはそうではありません。商品の売り方から供給量、価格など、すべてをコントロールできるからこそ、メーカーとしての旨味があるわけです。これは小売店にはできることではありません。メーカーだからこそできる戦略だと言えるでしょう。

成功と失敗の法則	重要度 ★★★☆☆
# 23	試作調査 商品開発 プロダクトサイクル

使い心地を
ターゲットに合わせる

スキンケア商品は使った瞬間が勝負

スキンケアアイテムは、すぐには効果を感じにくいということは前にお話ししました。はじめて使う化粧水を手に出したとき、顔につけた瞬間に「ハリが変わった」「浸透している」と感じる消費者は稀ではないでしょうか。

では、消費者はどのようにそのスキンケア商品の良し悪しを判断しているのでしょうか。

それは使った瞬間の印象です。「商品を肌に乗せた時の触感」「テクスチャー」「におい」など、使った瞬間にわかることを元に全体の印象を決定づけています。

対面でも「第一印象が大事」と言われるのと同様に、化粧品でも第一印象とも言える使い心地がとても大事なものなのです。それによって、効果をより感じ、継続して使ってみてもいいかな、といった感情に繋がります。

そのため、**商品を開発する段階から、設定したターゲットに合わせた使い心地を考えておくことがとても重要**なのです。

使った瞬間にわかることはテクスチャーだけではありません。香りや見た目の印象もその代表例です。甘いお花のような匂いなのか、少しケミカルで硬い匂いなのか、見た目で言えばプッシュして使う容器なのか、逆さにして出して使う容器なのかなど、細部の使い勝手に至るまで、徹底的に考えて設計されるべきでしょう。

このような細かな点こそが、顧客が抱く商品の印象に大きく繋がってきます。そのため、利用する顧客のことを考え、戦略的に商品を設計しておかなければなりません。スキンケア商品はその効果そのもの以上に、はじめて使った瞬間の印象が勝負になるのです。

ただ、人の好みは主観的で、全員が良いと感じる使い心地をつくることは現実的には難しいでしょう。

では、どのように使い心地を考えたらいいのでしょうか。最も重要なのは、商品を使うであろうターゲットのことを考え、そこに好みを合わせた設計していくということです。

例えば、ターゲットがどういった肌の悩みをもっているのか
を考えます。乾燥やくすみ、シミなのか、どんな肌質なのか。
乾燥肌か脂性なのか。年齢は 20 歳か 40 歳か。夏使うものな
のか、冬に使うものなのか。それが明確になっていなければ、
本当の意味で好みをターゲットに合わせることはできません。

　これを調べるためには、やはりターゲットに近い人に使って
もらって意見をもらうのが一番です。**通常、新商品などの試作
品は社内のスタッフの意見を聞いていくものですが、ターゲッ
トに近いスタッフの意見でないと意味がありません。**
　20 歳の肌が感じる乾燥と 40 歳の肌が感じる乾燥では、それ
に合ったスキンケアのテクスチャーは全く違ってきます。
　「この化粧水はさっぱりしすぎて、私の肌には保湿力が足りな
いわ」と安易に判断されないためには、ターゲットに合わせた
使い心地を考え、それを商品の設計に活かしていくことが重要
なのです。

商品は2〜3年で飽きられる

　プロダクトサイクルとは、一度市場に出した商品が認知さ
れ、成長して衰退するまでのサイクルのことです。
　近年、このプロダクトサイクルが年々短くなってきているの
です。例えば世界で最も売れているデバイス iPhone でも、年
に 1 回製品をアップデートしています。つまり、一度商品を市
場に出せば終わりということではないのです。

人間の好みというのは時代によって変化します。その変化に合わせて、商品をアップデートしなくてはならないのです。商品のアップデートというのは、その商品を使っている顧客に対するメーカーとしての義務だと言えます。

アップデートすることなく売れ続けている商品というのは、実は非常に少ないのです。**化粧品のプロダクトサイクルも短くなっている傾向にあり、概ね2〜3年のサイクルで商品が変わっています。**世の中にプロダクトが溢れすぎていて消費者が飽きやすいため、その分プロダクトサイクルも早くなっているのです。

もちろん、中には10年以上売れ続けている大ベストセラー商品もありますが、商品も変えていかなければ売れ続けることが難しい時代ということです。

ただし、アップデートと言っても、大きなアップデートが必要だというわけではありません。マイナーチェンジでも問題ありません。

大きく全体を変えるのではなく、新しい成分を少し追加してみる、商品の容量を増量してみるなどの変化でも構わないのです。パッケージのデザインやフォントを少し変えるなど、そういったデザイン的なアップデートでも十分だと思います。

こういった**定期的なアップデートで、飽きやすくなった消費者の関心を常に引きつけておくことが必要**なのです。

現実には「在庫がまだかなり残っているから……」と考えて、アップデートに踏み出せない場合もあると思います。しか

し、当初の計画に対して何年も売れ残っている状況であれば、すでにその商品の寿命が切れていると考えるべきです。新たに改良した商品で改めてチャレンジするほうが、早く結果に結びつくことも多いでしょう。

　一点付け加えると、どんなアップデートであっても、常に顧客の声に沿った形で行うことが大前提です。
　そのためにも、アンケートやお客様の声など、商品を購入していただいた人からフィードバックを取れるような環境をしっかりと整えておくことで、アップデートを考える際に商品の改良に繋げやすくなるのです。「頻繁に買いたくないからもっと大きいサイズの商品が欲しい！」「旅行でも使えるミニサイズがあると便利」など顧客の声にはヒントが満載です。一歩間違えるとクレームに聞こえる類のものも、丁寧に話を汲み取っていくと、それは商品のアップデートに関する貴重な材料にもなり得るのです。

Chapter

6

ECシステムにおける成功法則

ECサイトは、通販ビジネスにおいて
最も重要なプラットフォームとなります。
ユーザーが使用するデバイスがPCからスマホへと変化した現在、
自社のECサイトがどれだけ最適化されているのか、
この章で確認してみましょう。

エンジニアこそ巨大な変化を
もたらすことができる
——— ラリー・ペイジ ———

成功と失敗の法則	重要度　★★★★☆
# 24	決済
	カートシステム
	購入動線

決済方法を
どれだけ
提供しているか

ECサイトの土台となるカートシステム

Chapter2 でも述べたとおり、正しくダイレクトマーケティングを行い、顧客を維持していくためには、モールではなく自社サイトとしてのプラットフォームを持つことが非常に重要です。自社サイトを持つことで、顧客との繋がりを強固にでき、販売方法も自由にコントロールすることができるのです。

　商品販売を行うためのプラットフォームは、様々なベンダーが提供しています。いわゆるカートシステムです。多種多様なカートシステムが提供されている分、どのシステムを採用するのかはとても重要です。意外にも、カートシステムの採用基準

が曖昧なまま利用しているメーカーも、非常に多いのです。

インターネットを中心としたマーケティングの各施策は、基本的にはそのシステムに依存します。利用できない機能があれば、あとから実装することは難しくなってしまいます。つまり、**いくら良い施策が思いついても実行に移せないのです。自社にあったプラットフォーム選びは、慎重に行う必要があります。**

ではどのような基準をポイントにシステムを選ぶとよいのでしょうか。次節からご紹介していきます。

顧客の「買いやすさ」から考える

ECサイトで商品を販売する際、どの要素が一番売上にインパクトを与えるのか。その質問にずばり答えるのであれば、それは「**決済方法の種類**」です。

商品が購入される上で最も大事な瞬間は、顧客が「買おう」と決断したときです。そのときに同時に訪れるハードルは、決済まで誘導できるかという点です。

「買おう」と考えても、決済までスムーズに誘導できなければ、顧客の気持ちが冷めてしまい、カゴに入ったまま商品が購入されない、いわゆる「カゴ落ち」状態が起こってしまいます。このように、決済がハードルとなってサイトから離脱してしまうケースは非常に多いのです。

そう考えると、「決済方法がどれだけ充実しているか」とい

うことがとても重要なポイントであることをわかっていただけるのではないでしょうか。できるだけ簡単に決済ができれば、販売機会の損失を防ぐことができるのです。

自社都合ではなく、顧客の視点で考える

比較的大きなメーカーにありがちな話として、社内のしがらみのせいで通販の仕組みがなかなか整えられないといったことがあります。会計的に処理しやすいという理由で、決済方法が限られてしまっているケースです。

インターネットショッピングはもはや一般的な時代なのに、その事実を理解せずに「代引が最も安全」「代引の処理のほうが楽」というメーカーの内部事情から、消費者が購入しづらい状況を生み出してしまっているのです。

もし、本書をお読みのみなさんの会社で、決済の仕組みが代引きしかないというような状況なのであれば、すぐにでもカートシステムや基幹システムを見直して、最低でもクレジットカードの導入はするべきです。

いまや、ほとんどの決済サービスにはクレジットカードが含まれています。自社のシステムとの連携の面で難しいなど別の理由がある場合も、諦める必要はありません。なにかしら方法はあるものです。それだけクレジットカードの導入は大きく売上をあげる要素となり得るのです。

本気で商品を売ることを考えるなら、最も重要なことは顧客

の視点に立つことです。

　実際にどのような状況で顧客が商品を買おうとしているのか、これを販売する側も理解しておかなければならないのです。通勤中の電車の中で買おうとしているのかもしれませんし、仕事の休憩中に PC から購入しようとしているのかもしれない。だからこそ、あらゆる状況を想定して、決済方法の選択肢は多くしておいたほうがいいのです。

　クレジットカードだけでなく、代引き、コンビニでの後払い、Amazon Pay や楽天ペイなど、対応可能な決済手段をしっかりと整えておくことも大事です。

　通勤中の電車内で、スマホから商品を買おうと思ったとき、わざわざクレジットカードを財布から出すのはとても億劫なものですし、安全面での問題もあります。そんなとき、決済方法がクレジットカードしかないと、販売機会は失われてしまいます。しかし、例えば自社サイトの決済方法に Amazon Pay が対応していれば、Amazon にログインするだけで決済ができるため、スムーズに購入まで誘導することができるのです。

　このように、自社のシステムに顧客の生活動線を考えた機能を備えておくことは、とても重要です。

Amazon Pay で売上が変わる？

実際、私がコンサルティングをしたあるメーカーでも、Amazon Pay を導入した途端、売上が大きく上がったと

いう例があります。しかもそのケースでは、ランディングページからの売上が伸びたのです。つまり、既存顧客ではなく、完全な新規顧客からの購入が伸びたということになります。

　消費者が「欲しいな」と思った瞬間に、財布からクレジットカードを出す必要なく、スムーズに決済が完了できることが大きかったのでしょう。

　スマホで物を買うことが一般的になり、自宅以外の場所でもショッピングをする機会が増えています。電車内や会社、カフェなど、人目が気になる場所でのショッピングでは、クレジットカードを出す必要のない決済手段はとても便利なのです。

　また最近では Paidy という決済サービスを利用するメーカーも増えてきました。これは電話番号だけで後払いができるという決済サービスです。決済金額の上限は 3 万円と制限はありますが、審査もいらずに利用できるという優れたサービスです。クレジットカードを持つことができない若い人などの決済方法の手段として、とても便利です。

　このような新しい決済サービスも最近ではたくさん出てきています。状況に応じて顧客も都合のいい決済手段を選ぶことができるため、決済方法はできる限り充実させておくことで、販売機会の喪失を防ぐことができるのです。

成功と失敗の法則	重要度　★★★☆☆
# 25	ロジスティックス
	顧客満足度
	配送料

Chapter **6** ECシステムにおける成功法則

ロジスティックスを考えているか

購入直後から満足度は減少する

　イ　ンターネットでの商品販売のプラットフォームとなるカートシステムが重要であるのと同様に、商品配送を担うロジスティックスも、とても重要なポイントとなります。昨今の配送費の値上げなどは、通販ビジネスの成否を左右する大きな関心ごとです。

　ここでは、ロジスティックスのあるべき姿を消費者側から考えてみましょう。

　ネットでの買い物で、消費者の満足度が最も高くなるのは、決済を完了した瞬間です。「買うべきか、買わないのか」一生

懸命考え吟味しているときは、階段を一歩一歩上がっていく状態ですが、「買おう」と購入に至り決済してからは、満足しきって階段を降りていくことになります。決済後からすぐに顧客の満足度はどんどん下がり、急速に興味を失っていくのです。

　そのため、メーカーは消費者の満足度や興味が下がり切る前に、商品をすばやく届ける必要があります。

Amazonをはじめ、ネットで購入したものが翌日には届くのが当たり前という時代になっています。そのような中で、「4日〜5日後に発送します」「1週間程度でお手元にお届けします」と書いてある化粧品や健康食品のECサイトは、商品販売後の顧客満足度を考えると、それだけでかなりの不利益となり得ます。もちろん売上にも影響しているでしょう。

　システムとの連携など、物理的な問題がハードルなのかもしれませんが、今では様々なロジスティックスサービスもあります。本当に現在の配送システムがベストなのかということは、メーカーとして常に疑問を抱いておかなければなりません。

　翌日配送は難しいかもしれませんが、今よりも早く届けることができるロジスティックスサービスを提供する会社を探してみる価値はあると思います。

　同様に、送料の安さだけではなく、どの配送業者を使うのかもしっかりと考えておく必要があります。一部の配送業者は、配達時のサービスにかなり差があるようです。地域や担当者に

よっても差があり、一概には言えませんが、再配達の対応や時間指定を無視するなど、悪質な場合もあります。そういったことがあると、配送業者の問題にもかかわらず、自社のブランド価値まで落ちてしまうこともあるので注意が必要です。

　最後に、送料の設定に関しても注意が必要です。少し前までは、EC のサイトの送料は無料に設定するのが当たり前でした。

　しかし、最近の配送費の値上げが影響し、送料無料では利益が出ないといったケースが少なくありません。

　この原因の本質は、配送費の値上げではなく、**商品の価格設定**です。送料の値上げ分を吸収できない商品価格になっていることが問題なのです。消費者はこれまでの送料無料の流れが染み付いてしまっており、商品の配送費に料金を支払うことの価値を見出しにくくなっています。

　そのため、送料をもらうという方向ではなく、別の名目で価値を与えた分を送料に充当するほうが戦略として正しいと言えるでしょう。

成功と失敗の法則	重要度 ★★★★☆
# 26	スマホファースト
	UI
	4G回線

ECサイトのUIは
適切なのか

スマホ対応ではなくスマホ「専用」サイトが必要

　女性をターゲットとした化粧品ECサイトへのアクセスは、すでに8割以上がスマホ経由だと言われています。最近あまりアクセス解析を見ていないという方も、これを期にAnalyticsを確認してみてください。思った以上にスマホ比率は高まっているはずです。

　先日、あるメーカーの担当者の方がスマホとPCでのアクセス数の比率を調べていたときのことです。比率は、半々くらいだろうと想定していると、なんとスマホユーザーのアクセスが9割近くになっていたのです。それが「スマホをメインとしたマーケティングを考えていただけますか」と、ご相談をいただ

くきっかけになったのです。

「スマホ中心」への変化は、様々な場所で顕著に出ています。マス広告でも、通勤中に電車内で中吊り広告を見て、それをスマホでチェックして購入、というような流れになっています。

　そういう時代ですから、**もはやサイトがスマホ「対応」になっているというだけでは不十分です**。いまや EC サイトはスマホから閲覧されることを前提に、**スマホ「専用」のサイトになっていなければ商品は売れなくなっていく**ということを意識しなければいけません。

もはや化粧品ECサイトにはPC版は必要ない

化粧品 EC サイトに関して言えば、もう PC 版のサイトは必要ないというのが私の考えです。これまでお話ししたように、現在の EC サイトのアクセス・売上のほとんどがスマホ経由だからです。そのため、これから新たに EC サイトやランディングページをつくったり、リニューアルしたりするというのであれば、一旦 PC サイトの事は考えず、スマホでどのようにサイトが見られ、情報が伝わるのかを意識して制作したほうがよいでしょう。

　つまり、**完全に「スマホファースト」で考えられた EC サイトを制作するのがいい**ということです。

　みなさんは普段、仕事ではスマホではなく PC を使用していると思います。EC サイトの制作も基本的には PC を使うでしょうから、どうしても「スマホでどのように見られているか」

という点は軽視されがちです。こういった環境だとどうしても
スマホファーストのサイトが作りづらくなってきます。

　極端にいうと、「**PCサイトはもう必要ない**」という意識で
ECサイトを制作しないと、本当にスマホファーストを考えた
ECサイトを作ることができません。

「そうは言っても、PCユーザーも無視できないし……」と考
えるのも理解できますが、一旦その意識はリセットしてみまし
ょう。これまで、当たり前のように「PCサイトがあり、それ
をスマホ対応にする」というようにECサイトは制作されてき
ました。そのため、とても考えづらい話ではあると思います
が、これまでの既成概念を一旦壊し、スマホだけで閲覧でされ
るECサイトを考えるのがよいのです。

スマホで閲覧されるとはどういうことか

　スマホファーストでECサイトやランディングページを作
る際に重要なことは、**デザインだけではなく、その使
いやすさ**です。

　PCとスマホで大きく違うのは、操作方法です。スマホでは、
マウスではなく指で画面を操作し、サイトを閲覧していきます。
すると、スマホ特有の考え方として「**指を使ってボタンがタッ
プしやすいかどうか**」という課題が出てきます。スマホでボタ
ンをタップするとき、ほとんどの方は親指が人差し指を使いま
す。その際、ボタンのサイズが小さいと、違う場所を間違えて

タップしてしまうこともあり、非常に使いにくくなります。

　このようなことを十分に考えずに作られたスマホサイトでは、ボタンが小さすぎてタップしづらいということがよく起きります。実際問題として、これが離脱要因のひとつにもなっているため、人差し指や親指で押されることを前提にしたサイズのボタンを実装しなければなりません。

　ちょっとした Tips をお話しすると、ボタンに表示する文言も工夫したほうがクリック率は高くなります。

「購入する」や「カートに入れる」という文言よりも、「77% オフで今すぐ試す」という文言のほうが、明らかにクリック率が高くなります。なぜなら、具体的なメリットを示すことで、購入への最後のひと押しとなるからです。こういった細かい文言も、「マイクロコピー」と言って購入率を大きく変える要因となりますので、検証してみるといいでしょう。

Wi-Fiではなく、4G回線で考える

　スマホファーストの時代において、もうひとつ忘れてはいけない重要なポイントがあります。それが **EC サイトの表示速度**です。表示速度は EC サイトの直帰率に大きく影響します。結果的に、販売機会の損失にも繋がってしまいます。

　実際、Amazon の調査では、表示速度が 0.1 秒向上すると 1 ％収益がアップすると言われているそうです。EC サイトの作りやデザインがいくらスマホに最適化されていても、表示速度

が遅ければ、売上には繋がりません。

　表示速度を考えるときに重要なことは、消費者はどんな通信回線でサイトを閲覧しているかという点です。EC サイトの制作をする場合は、社内の Wi-Fi 環境下で作業を進めることがほとんどだと思います。しかし、実際の顧客を想定すると、自宅であれば Wi-Fi 環境がある家庭も多いかもしれませんが、外出先ではキャリアの 4G 回線を使っています。もしかすると、自宅にも Wi-Fi 環境がない家庭もあるかもしれません。

　つまり、**EC サイトは Wi-Fi 環境だけではなく 4G 回線で閲覧されることを考慮して制作する必要がある**ということです。画像を使って表現することが多いランディングページでは、画像の圧縮や、コーディングの工夫、上から段階的に画像を読み込ませるスクリプトの実装など、サイトデザインとは異なる部分もしっかりと考えて制作する必要があります。

　また、最近はランディングページに動画を使うことも増えています。その場合も読み込み速度が極端に重くならないような工夫が必要です。

　Chapter2 でもお話ししたように、商品メッセージやストーリーをわかりやすく伝えるためには、動画を使うことは効果的です。その際は、**容量を小さくできるアニメーション GIF を使う**とよいでしょう。アニメーション GIF は、パラパラ漫画の原理で画像を動かすため、動画よりもはるかに容量は軽く、かつ動きのある印象的なページを作ることが可能になります。

column

スマホファーストの新常識

◉スマホとPCではサイトのレイアウトは全く違う

　スマホファーストを実践するために「スマホサイトにおける情報設計」＝「レイアウト」の違いについて考えてみましょう。

　PCサイトでは、**視線がZ型**に動くと言われています。画面サイズが横に広いため、左上から右上〜左下に目線が流れていき、情報を得ていくというのがセオリーです。

　PCサイトをスマホ対応させるという従来の考え方では、このレイアウトを流用しがちです。しかしPCサイトでは、横長の画面に合った形で情報・画像が並んでいるため、スマホの画面で見ると、すべてが小さくなってしまいます。また、画面に無駄な余白もできるため、インパクトが弱いページになりがちです。

　スマホの場合、画面サイズの横幅はすべて目線のなかに収まります。そのため、**視線が上から下にシンプルにスライドしていくⅠ型の動き**となります。つまり、画面内の情報設計を考える際には、**縦型にレイアウトしていく**ことが重要になるのです。

　また、画面サイズに制約がある分、画像の見せ方にも一工夫必要です。例えば、インパクトを出したい写真や画像は、角版

column

でレイアウトするのではなく、ページの背景に引いてしまうのです。こうすることでインパクトやダイナミックさも表現することができ、非常に印象的なページになります。

　こういった考え方は、PCサイトにはない考え方で、スマホファーストを意識しているからこそ出てくる発想です。PCサイトの延長としてスマホサイトを作ってしまうと、スマホの特性を活かしきれていないデザインになってしまうのです。

　スマホならではのデザインは、コピーやメッセージを伝える際の考え方にも応用できます。通常のウェブページでは、コピーや文章は横書きで書くのが一般的です。しかし、**よりインパクトを出したいコピーや文章は縦書きにレイアウトするのです**。スマホは目線がI型に動くため、その流れも邪魔しません。縦書き文字をポイントで使用することで、目に留まりやすくインパクトのあるページにすることができます。

●スマホならではの UI ヒント集

　上記の他にも、スマホでの利用を考えたサイト設計が必要です。ちょっとした積み重ねがユーザビリティの違いに表れ、売上をアップする大きな要因となってきます。PCサイトにはないスマホならではの視点が求められますので、いくつかご紹介します。

・「トップに戻る」ボタン

　ランディングページや比較的長いページの場合、ページの下部から上部に戻るためには、何度も上にスライドさせる手間がかかります。ページの最上部まで戻れるボタンを設置しておくことで、すぐに頭から情報を確認できるようになります。細かい部分ではありますが、こういったボタンが実装されていると使いやすさが断然異なります。

・固定されたオファーエリア

　特にランディングページは情報量が多く、比較的長いページになるため、ページ中の何箇所かに購入ボタンを設置する場合が多いでしょう。しかし、いざ購入しようと思った瞬間に、ページ内で購入ボタンを探すのが手間となってしまう場合があります。

　そのような手間を減らすために、購入ボタンのオファーエリアを画面上に固定する形で常に表示しておくという方法があります。商品の説明を読み、顧客が「買いたい」と思ったときにすぐに購入できる状態にしておくのです。あまりにもボタンのサイズが大きいとページを読むのを邪魔してしまうためサイズの調節は必要ですが、固定したオファーエリアを設定しておくことは、販売機会を失わないためには非常に効果的だと言えます。

column

・アコーディオン形式での情報掲載

　スマホサイトでは、情報を一様に掲載するとボリュームが多くなり、最も伝えたい重要な情報が何なのか分かりづらくなってしまいます。

　スマホサイトでは、一画面で表示できる情報量が限られているため、消費者に適切な情報伝達をする必要が出てきます。その際、情報をうまく伝えるために利用できるのがアコーディオン形式での UI です。**情報のタイトルや見出しのみを表示しておき、内容は伏せておくような形式**です。

　スマホサイトは全体が縦長のデザインのため、スライドするごとに情報がどんどん流れてしまいます。そのため、最初から一番強調させたいところだけを読める状態にしておき、内容自体はアコーディオン形式で閉じておきます。タイトルに興味があれば、開いて内容を閲覧することができます。

　そうすることで、ページのスペースを無駄に使わず、効率的に欲しい情報を取得することが可能になります。たくさんの情報に煩わしさを感じることなく情報を得られるため、とても効果的です。

●入力の手間があると顧客は離れる

　入力フォームの離脱分析をしていると、**購入フォームへ入力する情報が多すぎることを理由に、最後まで完了せずに途中離**

脱するケースはかなり多いものです。

　顧客の性別や年齢、生年月日など、様々な情報を購入時に取っておきたいというのがメーカーの本音だと思います。しかし、それらの情報を一度に聞こうとすると、購入のハードルはどんどん上がります。いかに決済までスムーズに誘導できるかが最初のポイントなのです。

　顧客視点で考えると、フォームに入力する情報がより少ないほうが、手間がかかりません。顧客に入力させる内容は極力省いたほうが離脱は少なくなるのです。

　それでも、入力項目を省くことができない場合もあるでしょう。その場合は、1つの画面で一度に入力させるのではなく、画面を分けて段階的に入力させることが望ましいと言えます。

　例えば1つの画面に入力する項目が10項目並んでいるものと、2画面に分けられ、5項目ずつ並んでいるものだと、後者のほうが入力完了というゴールまでのステップが見えやすく、離脱しづらくなります。

　決済時に情報を取得しようと考えているのであれば、顧客に手間と思わせないような工夫をしておく必要があるでしょう。

　その他の方法として、情報の取得は決済時ではなく、商品購入後にアンケートをとって確認するという考え方もあります。

column

もちろんすべての顧客から情報取得することは難しくなるかもしれませんが、購入後であればフォームでの途中離脱は減らすことができます。

　入力フォームと決済は、通販ビジネスの最後の山です。店舗とは違い、商品をレジに持っていって買うという流れではないため、どうしても顧客に負担が生じます。そのため通販では、ここが大きなハードルとなるのです。

　できるだけ簡略化したスムーズな動線を意識することは、すぐに売上改善に繋がるポイントですので、自社の入力フォームがどのような状態になっているのか、いま一度確認してみるとよいでしょう。

Chapter

7

組織づくりにおける
成功法則

ビジネスの成功には人や組織との向き合い方が重要です。
本章では、いまの時代に適切な組織とは何か？
どのようなチームビルディングが必要か？
ということを紹介します。

変革せよ。変革を迫られる前に。
—— ジャック・ウェルチ ——

最高の選手がいるチームが勝つ。
—— ジャック・ウェルチ ——

成功と失敗の法則 27	重要度　★★★★☆
	経営
	マネジメント
	ソリューション

経営とは
マーケティングと
心得る

マーケティングを重視した経営をしているか

「**ま**だどこも発売していない商品を開発したので、販売したい」このようなご相談を受けるとき、私は「どのように売るつもりで開発したのですか？」とうかがっています。商品がどれほど素晴らしいものであったとしても、それが顧客にとって本当に需要があるものなのか、どのように売ることを前提として作った商品なのか、そこが明確でなければせっかくの新商品も全く売れずに終わってしまう可能性があるからです。

メーカーの最も重要な仕事は、基本的にはマーケティングだ

と私は考えています。もう少し踏み込んで言うならば、マーケティングという仕組みをつくることが最も重要だと言ったほうがわかりやすいかもしれません。商品を「作る」と「売る」であれば、「売る」ことを優先する意識が必要だということです。「すごい新製品を開発した」というプロダクトアウトのスタンスではなく、作った商品をどのように販売し、いかに顧客に継続して使ってもらうか。その仕組みづくりをしっかりと考えることがメーカーの最も重要な仕事だと言えるでしょう。

その前提の上で、成功するメーカーとそうではないメーカーの「組織としての違い」は何かと言うと、**意思決定の権限を持つ人が「マーケティングを重視する」という意識をしっかり持っているかどうか**ということです。中小企業であれば社長、大企業であるならば事業部長などです。こういった人たちがどれだけ自社のマーケティングを重視しているのか、ここが成功するメーカーとしての試金石になっているのです。

意思決定ができる立場の人がなぜマーケティングを重視するべきかと言うと、マーケティングという業務が、ある程度の決定権を持っていないとできない仕事であるからです。

例えば、商品のブランディングひとつとってもそうです。商品のイメージを高級志向にシフトしていくと決めたとしても、高級志向にするための価格から広告、ブランドイメージまで、担当者レベルで一気に変えるのは非常に難しいのではないでしょうか。

もちろん少しずつ変えていくことはできますが、それだとあまりにもスピード感が足りません。しかし、これが社長や事業部長など意思決定ができる立場にある人が率先してやるのであればどうでしょうか。変化のスピードは担当者とは比べ物にならないと言えます。

　マーケティングの土台を作る上で、大企業であれば事業部長、中小企業ではやはり社長がキーマンとなります。大きなメーカーでも社長の一声でコールセンターができたり、ブランドのイメージが一気に変わったりすることはざらにあります。

　以前、かなり大きな売上規模のメーカーのマーケティングをお手伝いさせていただいたことがありますが、そのときに社長がここまでマーケティングの業務に入ってくるのかと思うほど、マーケティングを意識した経営をとっていて大変驚いた経験があります。

　もちろん意思決定ができる分、独りよがりの判断にならないように注意は必要ですが、売上をあげるための最も重要な業務だからこそ、組織の中で重要なポジションにある人がしっかりとマーケティングのことを意識しておく必要があるのです。

コールセンターは外注化すべきか

　マーケティングの仕組みづくりと同様に、メーカーとして最重要な仕事のひとつが「**顧客理解を深めること**」です。というのも、**顧客理解を深めてそれを商品開発に活かし**

て、品質を改善することがメーカーの努めだからです。また、何よりも顧客に対する理解が足りないようでは、新規顧客の獲得はできません。顧客理解を深めるということはメーカーにとって売上に大きく関わる最重要の仕事なのです。

「顧客の生の声を聞くためコールセンターを作りました」という話はよく聞きますが、その詳細を聞くと全ての業務を外注に任せているというメーカーは意外にも多くあります。

　もちろんコールセンターはあるに越したことはないのですが、顧客と接点を直接持つことができる窓口を外注化するというのは、メーカーとしての本質から少しずれているのではないかと私は思うのです。コールセンターはただの窓口ではなく、実際には顧客理解を最も深めることができる場所だということは知っておくべきでしょう。例えば、クレームの電話ひとつでも、顧客が自社の商品に対してどのような不満を持っているのかを知ることができます。顧客の生の声を最前線で聞くことができる非常にコアな現場が、コールセンターなのです。

　また、コールセンターを外注化すると、情報が入るまでのスピードが遅くなるというデメリットも生じます。ダイレクトに情報が入ってこない分、対応も遅れますし、下手をすると大事な情報を見逃してしまうリスクもあります。

　顧客と直接関わる業務は、決して外注化すべきではありません。コスト面で外注している場合、外注とのコミュニケーションを密に取り顧客からの声を漏らさないようにすることが重要です。

商品ではなくソリューションを提供する

メーカーの多くは自社の商品を「販売」することを第一に考えています。商品が売れている理由を「顧客が自社の商品を求めているから」と考えているメーカーも多いのではないでしょうか。

しかし、これは間違った認識です。顧客は商品を求めているわけではありません。厳密に言うならば、**顧客は商品ではなくソリューションを求めているのです**。顧客は、悩みを解決するためのソリューションの一環として、化粧品や健康食品を購入しているということです。そのため、仮に他のソリューションの選択肢があった場合、化粧品や健康食品を購入するという選択肢をとらない可能性もあるということです。

商品だけでなく、顧客の悩みを解決するソリューションへ意識を向けるだけでもビジネスチャンスは大きく拡大するのです。

石鹸メーカーがタオルを販売している理由

「商品」ではなく「ソリューション」を提供する。このような考え方を上手く利用したことで、売上を大きく伸ばした石鹸メーカーがあります。

その石鹸メーカーは現在、石鹸とは全く関係のないタオルなどの商品も自社で開発して販売しています。

タオルを販売している理由は「顧客が洗顔の際にタオルで肌を痛めないようにするため」。洗顔の際に、洗顔専用のタオルも石鹸と一緒に使ってもらうことで、肌荒れを効果的に防ぐことができるという発想から、タオルを販売し始めたそうなのです。

これは、顧客の「肌荒れ」という悩みに対し、石鹸という商品にとらわれず、洗顔というアプローチから顧客へソリューションを提供した例だと言えます。

一般的なメーカーであれば「品質の良い石鹸をつくろう」「現状の商品をレベルアップさせよう」となりがちなのですが、このメーカーには顧客にソリューションを提供するという意識が根付いていたため、石鹸とは全く異なるタオルを売るという発想にたどり着いたと考えられます。商品ありきのプロダクトアウトの意識だと、なかなかたどり着けない発想です。

このように自社を「商品を販売するメーカー」ではなく「ソリューションを提供する企業」だと意識することで、全く新しい可能性が見えてくることもあります。 上記の石鹸メーカーのように石鹸ではなく、洗顔専用のタオルといった別の商材を思いつくかもしれませんし、全く関係のない商材やサービスが生まれるかもしれません。「ソリューションを提供する」という意識をもつことで、これからのビジネスチャンスは大きく広がっていくのではないでしょうか。

成功と失敗の法則 # 28	重要度 ★★★★★ 内製化 外部パートナー チームビルディング

現代に適した
チームビルディング
とは？

すべてを内製化することは物理的に不可能

10年前であれば、ウェブ広告を出せる媒体は数えるほどしかなく、マーケティングで必要なデータも、比較的シンプルな方法で簡単に収集することができました。

しかし、最近では広告を出せる媒体が無数に増え、ユーザー層もどんどん細分化されています。「SEOを意識したサイト設計」「SNSでの発信」といった、以前は全く想像もしていなかったような複雑な業務や工程も増えました（図13）。一口にSNSと言っても、InstagramやTwitter、Facebook、LINEなど、すぐに思いつくだけでもたくさんあります。しかも、それぞれの運用に求められる専門性や技術は全く異なるため、以前

【図13】 通販マーケティング業務の複雑化

ドメイン	HTML	UI	動画	キーワード調査	リスティング広告
サーバー	javascript	基幹システム	撮影	アンケート	リスト分析
SSL	CMS	SEO	SNS	商品開発	同梱物
アクセス制限	カートシステム	メタタグ	マーケティング	媒体調査	DM
個人情報保護法	Google Analytics	アルゴリズム	顧客管理	マーケット分析	チラシ
薬機法	タグマネージャー	心理学	メールマガジン	LTV計算	クレーム対応
景表法	広告タグ	広告バナー	キャンペーン企画	費用対効果管理	キャスティング
健康増進法	IPアドレス	コピー	ブログ	パートナー開発	インタビュー
特商法	FTP	ライティング	コンテンツ企画	KPI改善	フルフィルメント

よりもはるかに業務が複雑になっているのです。

　メーカーのマーケティング担当者、ウェブ担当者の業務は、10年前と比べて何倍にもふくれあがっていると言えます。

　正直な話、メーカーがこれほど複雑化された業務をすべて自社でまかなうというのは現実的ではありません。一つひとつの業務に専門性が求められるため、全て満足に運用することが物理的に難しいのです。大きな資本力のあるメーカーでない限り、ひとつの会社で対応できる業務量ではないと言えるでしょう。

　そのような中で重要になってくるのが、業務のアウトソース。自社でできる業務とパートナー企業にアウトソースする業務を上手く切り分けて運営するのです。つまり、アウトソースするパートナー企業も含めてチームであるという考え方です。こういった考え方は現在の通販ビジネスを進めるうえでは避けることのできない重要なもののひとつとなっています。

　商品企画や顧客理解に繋がる業務に関しては、社内でおこなうべきですが、広告の制作やロジスティックスなどマーケティング領域が求められたり、ルーティンの作業化できる業務は積極的にアウトソースするほうが効率は良いと言えます。また、アウトソース先のパートナー企業からの情報や知識も集まるため、それらを上手くレバレッジすることで、効率性だけでなく有益なノウハウも蓄積しながら推進していくことが可能になるのです。

コストを意識しすぎて、井の中の蛙になっていないか

業務の一部をアウトソースするメリットが大きいというのは理解できたとしても、これまでやってきたことを外部パートナーに任せることに難色を示すメーカーが多いのも事実です。アウトソースするコストを意識しすぎるあまり、内製化したほうがメリットが大きいと考えてしまうのです。

しかし内製化も、人件費としてコストはかかります。加えるならば、専門知識や技術の蓄積がないところから始めていかなければならないため、効率も悪く、時間という見えないコストまでを考えるとどちらを選択すべきかは明らかです。

最近ではアウトソース先の選択肢もかなり増え、すぐにでも外部パートナーを探すことができる環境になっています。外部パートナーを利用することの費用対効果の高さは、特にリソースの少ない中小企業であるほど意識しておくべきだと思います。

また、先にも述べたとおり、**アウトソースをすることで専門的な知識や情報を外部から得られることは、非常に大きなメリット**になります。社内だけでは、外からの情報が取得しづらい環境になり、蓄積されていく情報にも偏りが出てきます。

例えば、PCとスマホのアクセス率の違いや売上の比率を知らない、決済方法は代引きのほうが顧客は安心するだろうといった、明らかにアップデートされていない情報やすでに使えな

い知識であるにもかかわらず、それに気づくことができない状況になってしまうということです。

　効率的な方法があるのにもかかわらず、それを知らずに効率の悪い方法を疑いなく取り入れ続けていることは往々にして起こり得ることです。「こういう方法もありますよ」と誰にも言ってもらえない環境というのは、とてもリスクが高いと言えます。内製化にこだわりすぎることは通販ビジネスを前進させていく上で、大きな弊害になるということは理解しておかなければなりません。情報を仕入れる手段がなければ、周りを見ることができず、いつの間にか取り残されてしまう可能性もあるということです。井の中の蛙にならないようにしなければなりません。

アウトソースする際に重視すべきは価格ではなく提供される価値

　アウトソース先を選ぶ際、コスト重視で外部パートナーを決めているメーカーもありますが、それはあまりおすすめできません。

　相見積もり、いわゆる「あいみつ」という方法で最も安いパートナーに依頼してしまっていないでしょうか。これはコストという面では有効かもしれませんが、長期的に考えると大きな損失に繋がる可能性が高いと言えます。

　同じ仕事であれば安いところに発注したい。その気持ちはよくわかりますが、専門性の高い業務などをアウトソースする場

合には、価格以上に結果や成果物の質のほうが重要になります。

　外部パートナーとして、どのくらいのクオリティの仕事ができるのかは、あいみつで比較することはできません。もちろんシンプルな作業をアウトソースするのであれば、価格で判断しても問題ないですが、専門的な知識や売上に関わる業務の場合には、支払った金額以上の成果がしっかりとフィードバックされるかという点が最も重要な要素になります。価格が安いということは、経験豊富な担当者をつけられない、十分な時間をかけられないということに繋がり、結局それなりの対応しかしてもらえないことになってしまうのです。

　そもそも、**あいみつはコストカットのための考え方であり、ビジネスを大きくするための考え方ではありません**。一番安かったとしても、パフォーマンスが一番悪ければ、売上も伸びません。
　逆に言うならば、一番高い外部パートナーにお願いしても、それ以上の売上に繋がるならば、結果として大成功だということです。
　そのような投資意識を企業として持っておかなければ、これからの通販ビジネスにおいて売上はどんどんと尻すぼみになってしまう可能性があるのです。

外部パートナーを見極めるポイント

　では実際に外部パートナーを選ぶ場合、何を判断基準にするべきでしょうか。相性や求めている業務内容によりケースバイケースと言えますが、共通のポイントとして「**外部パートナーが自社のビジネスを理解しているか**」ということは確認しておくべきだと思います。

　例えば、化粧品の広告のデザインや制作をアウトソースする場合、通販で化粧品を販売するビジネスについて外部パートナーに理解がなければ、顧客に訴求するような広告のデザインを作ることは絶対にできません。もちろん、健康食品であっても同じです。

　この基準をクリアしていないと、自分の思ったような成果物を得ることはできないでしょう。そうなると、これまでかかった費用や時間は無駄になってしまい、自社にとって大きな損失に繋がることになります。外部パートナーを選ぶ際には、しっかりと話し合い、慎重に見極める必要があるのです。

情報選択の専門家もアウトソースできる

　外注先選びに限らず、大きな損失に繋がるような失敗をしないためにも情報収集は必要ですし、専門知識も学んでいく必要はありますが、やはり限界はあります。

日々、便利なサービスやツールが発表され、広告会社や制作会社も無数にあります。気軽に外部パートナーを選択できる環境になったという反面、その選択肢の多さから、見極めが足りず、慎重に選んだはずの外部パートナーが失敗だったというケースもよく聞きます。「どう判断したらいいのか」ともどかしさを感じる場面は多いのではないでしょうか。

　そのような場合、最新の業界情報や専門知識などを得るために、総合的に情報を提供してくれる広告代理店やコンサルタントを利用する手段があります。作業や業務だけでなく、最新の情報の仕入れや選択すらもアウトソースできるのが現在のビジネスの環境なのです。

　例えば EC サイトの構築にカートシステムを導入しようと考えた場合、本来であれば一つひとつ情報を集め、どんな機能が必要なのか比較検討したうえでシステムの採用を決定するのが理想的です。

　しかし、カートシステムは少なく見積もっても 30 種類以上あり、そこに時間をかけていては、いつまでたってもサイトを完成させることができません。その際に、どのカートシステムが最も使いやすいのか、その情報を提供できる専門家に聞くことができれば問題は一瞬で解決します。

　実際、私もカートシステムのご相談を受けることがありますが、通販化粧品や健康食品の EC サイトであれば、ケースに応じてどのカートシステムが一番良いのかすぐにお答えすること

ができます。

「どのような機能が使えるのか」「使い勝手がよい理由」など、それぞれ根拠も含めて聞くことができれば、判断に困ることはありません。

他にも「この業務にはこのツールが便利」「来年にはこういった規制ができそうなので、広告の表現は今から変えたほうが良い」など、専門家から情報を得ることができれば、業務の効率性を高めたり、販売機会の損失を防いだりすることも可能です。

ただし、コンサルタントや広告代理店を利用するとしても、依頼するメーカー側が受け身になってしまうと、そこで得た知識を十分に発揮することができません。外部パートナーのメリットとともに、依頼する側が勉強をしておくことが必須だということは、付け加えておきます。

成功と失敗の法則	重要度　★★★★☆
# 29	新規参入 通販ビジネス 事業投資

新規参入のための
コストは十分か

大手メーカーでも見通しは甘い？

先日、ある大手のメーカーから「通販を始めようと考えている」とご相談をいただきました。その方は事業部長だったのですが、私が通販の仕組みやマーケティングについてお話をすると、どんどんと反応が鈍くなってきたのです。一体どうしたのだろうと思い、思い切って尋ねてみると「通販って思っていたよりも大変なんですね」という言葉が返ってきたため、私は思わず面食らってしまいました。

　もちろん大手のメーカーですから、資金的な面や人材などに関してはある程度の余裕はあったと思うのですが、それでも通

販ビジネスに参入するためのコストを甘く見積もっていたため驚いてしまったのでしょう。

　これはあくまで私の推測なのですが、その事業部長の方は「広告を出せばすぐに結果が出る」「ウェブサイトさえあれば売れる」という考えが少なからずあったのだと思います。お金をかけて広告を出し、ECサイトを運用すれば、簡単に商品が売れていくのだろうと考えていたのではないでしょうか。

　実際に、話の中で「ここまでやる必要があるのですか」と尋ねられたので「ここまでやらないと、通販に参入するのは難しいですよ」とお話ししました。納得はしていただきましたが、そこから「甘くはないな」という表情が伺えました。

　大きなメーカーでもこのような認識なのですから、通販に参入するためのコストを正しく理解せずに、見切り発車で始めて失敗してしまうメーカーは、かなり多いだろうと痛感しています。

カフェを始めると思って考えてみよう

みなさんがビジネスとしてカフェを始めようと考えた場合、何も準備せずに「明日から早速ビラ配りを始めよう」とはならないと思います。
「立地条件の良い店舗の場所を探す」「厨房などの設備投資をする」「メニューを考える」「人を雇う」など、ある程度の準備

を整えてから、ようやくお店の開店にこぎつけるはずです。必要な物を準備せずにビラを撒いたところで、ビジネスとして成立しないのは、当然ですよね。

しかしなぜか、通販ビジネスになるとこの感覚が薄れてしまい、多くの人がいきなりビラをまくことを考えてしまいます。「広告はどこの媒体が良いのでしょうか」「SNSは何を運用したら良いのか」など、商品ができただけ、何もマーケティングの準備をしていないのに、いきなりビラ配りの方法についてあれこれ考えてしまうのです。

「ブランドイメージをどのようにするか」や「商品のメッセージをどのように伝えるか」「どのような方法で顧客とコミュニケーションを取っていくのか」「必要なツールはなにか」など、どの機能が欠けてもビジネスとして成立することはありません。まずは必要な機能を揃えることから始める必要があるのです。そのためには当然時間とコストが必要です。

「来月から商品を販売したいので100万円の予算でお願いします」という依頼もありました。

通販ビジネスは簡単だと勘違いして、「ECサイトを作れば商品は勝手に売れるだろう」と甘く考えてしまうのです。

しかし、現実には新しいビジネスを始めることとなんら変わらないため、しっかりとした準備がなければ当然失敗してしまうのです。

Chapter

7

組織づくりにおける成功法則

投資回収には1年以上はかかる

広告は資金さえあればいくらでも出稿することはできますが、そこから継続的な売上につなげるとなると、ブランディングや販売方法など一連のマーケティングが必要になってきます。

また、実際にその仕組みがうまく運用されていたとしても、いきなり初期コストが回収できるというほど、簡単ではありません。広告をはじめとしたマーケティングコストは、1年以上かけて回収していくのが一般的です。そのため、仮に1,000万円以上掛けて作ったビジネスでも、それが利益として返ってくるのはずっと先の話なのです。

成功と失敗の法則	重要度 ★★★★★
# 30	情報選択
	コスト削減
	施策のスピード化

騙されないための
知識をつける

知識がないと正しい選択ができない

情報が溢れかえるこの時代、知識を持っていないと、正しい選択をすることができません。

外注を利用することも先に提案しましたが、常に誰かに聞けばいいと考えていると、たくさんの情報を集めてもそこから正しい判断を導き出すことができないのです。そのため、専門家にアドバイスを求めることができる環境でも、自分で勉強することは絶対に必要です。情報を人から聞くのは良いことですが、その情報を元に判断するのは結局自分です。

支援会社はクライアントを決して越えることができません。

Chapter **7**

組織づくりにおける成功法則

いくら支援会社や広告代理店に良い提案をされたとしても、その提案の良し悪しを判断するのはあなただからです。

つまり、みなさんは、提案が良いものか悪いものかを判断できるレベルには、最低限知識を持っておかなければならないということです。

専門家と同じレベルまで知識やスキルを極めようとする必要はありません。**専門家の能力を「使う」ことが必要なのです。そして、そこで得られる情報やアドバイスに対して振り回されないようにする力を身につける必要があるということです。**

自社のビジネスに必要な施策やマーケティングの概要を把握し、専門家の話を理解することができるだけの知識を得ておくことが重要です。

広告代理店の言いなりになってはいけない

代理店の言うとおりに広告を出稿していたら会社が潰れてしまったというのは、よく聞く話です。それは、代理店が悪いのなく、彼らの使い方を間違ったために招いた結果だと私は考えています。

そもそも、広告代理店の仕事はあなたの会社の売上を伸ばすことではなく、広告枠を売ることです。「広告代理店は自社の売上を伸ばすことを第一に考えてくれている」と思っている方もいるかもしれませんが、それは間違いだと言えます。

彼らの提案を受ける場合には、彼らのポテンシャルをしっか

りと引き出して、Win-Win の関係を作っていく必要があります。

　そのためには、**「話を聞くのではなく、こちらから質問をする」**ことを意識するのが重要です。広告代理店は、自社にとって都合の良い提案をしてきます。それを知らずに、言われたことを鵜呑みにして提案を受け入れてしまうと、失敗してしまうということもあります。

　「毛穴の悩みをもった新規顧客を女性媒体から獲得したいがどういうクリエイティブが良いですか？」「いま獲得している消費者はどこから取れていますか？」などと主体的に質問することで、相手も「一筋縄ではいかないな」「よりメリットのある提案をしなければ」と、同じ土俵で話を聞けるような関係性へと変わってきます。

　つまり、自らが広告代理店のポテンシャルを引き出して「利用する」立場になるということです。提案した内容を鵜呑みにして全て取り入れる会社と、主体的に質問する会社では、広告代理店からの付き合い方も全く異なります。

　もちろん、どれだけ具体的で的確な質問ができるかということは、知識や理解力に比例します。だからこそ、勉強を怠らず、広く浅くでも知識や情報を常にアップデートしていくことが重要なのです。

Chapter

7

組織づくりにおける成功法則

セカンドオピニオンをとる

　代理店やコンサルタントを利用する場合には、常に複数社から話を聞くことをおすすめします。

　1社から受けた提案を聞き、そのまま提案に乗ってしまうというのは非常にリスクの高い行為です。医療で言うところのセカンドオピニオンのように、複数の広告代理店やコンサルタントから話を聞き「うちの代理店ではこういう広告をやっています」「うちではECサイトの売上に特化した提案ができます」など、様々な提案を比較することで、それぞれの特色やコスト、やり方の違いが見えてきます。

　何よりも、比較することで様々な提案や情報が得られることも複数社から話を聞くことの大きなメリットになります。

　場合によっては、全く真逆の提案をされることもあるかもしれません。例えば、A社からは「広告費をかければこのECサイトは売上があがります」という提案を受け、B社からは「広告費をかけても売上はあがらないので、ECサイトのリニューアルをすべきです」と提案を受けることもあります。そのような場合には「この会社はなぜこのタイミングで広告の提案をしてくるのか」「このコンサルタントがECサイトのリニューアルを推してくる理由は？」といったように提案の裏をしっかりと見極めるように考えることが大切です。

　広告代理店やコンサルタントの提案は様々です。最終的な判

断はメーカーがするわけですから、提案を比較するだけでなく、提案の裏まで落とし込んで考えていくようにしましょう。

担当者はシビアに見る

また、これは実際に提案を受け入れた後の話になってきますが、代理店やコンサルタントの担当者に関してはシビアに見ていくことが大切です。

これは外注全般に言えることなのですが、**依頼した成果は基本的に担当者のレベルによって変わってきます。**会社にどれだけ素晴らしい実績があったとしても、その担当者のレベルが低ければ、最大限の効果を発揮することはできません。

もちろん発注したあとであっても「担当者を変えてほしい」とはっきり言えばいいだけなので、合わない担当者にはシビアに対応すべきだと私は考えます。もちろん、実績のない新人やアルバイトでもできる簡単な仕事であれば、そこまでシビアである必要はないと思いますが、高度な知識やスキルが求められるような業務や、ビジネスの大本に関わってくるような業務を外注する場合には、その担当者の実力によって結果が大きく変わることになるため、厳しく見極めなければならないのです。

担当者の変更などは遠慮して言わないメーカーも多いようですが、ビジネスの成果に大きく関わってくる大事な話ですので、遠慮をする必要はないのです。

部分ではなく全体を見て考える

代理店やコンサルタントの提案を受ける際に考えるべきことは、全体を見て判断するということです。例えばEC サイトの制作を依頼しようと考えた場合、デザインがいくら良くても、EC サイトとしてしっかり売上があがるサイトでなければならないということです。

デザインは素晴らしいサイトでも、EC サイトとして使い勝手が悪かったり、SEO として問題が出たりするならば、全く意味がないわけです。デザインは 100 点だけれども、ユーザビリティが 0 点。そのようなサイトを作られては困ってしまいます。

それよりも、総合的に見て全ての部分で 70 点をクリアしたサイトを作れる会社に依頼するほうが正解だと言えます。

特に EC サイトの場合は、運用し始めてから問題が発生するケースが多いので、デザインしか見ていなかったことで大きな失敗に繋がってしまったという話はよく聞きます。

全体を見ているかどうかという判断は、メーカー自身に求められる要素のほうが大きいと言えます。発注先が全体を見た提案をしているかどうかまで、こちらが見極めなければならないということです。まずはしっかりと勉強して、全体を見通す力を付けていく必要があると言えるでしょう。

Chapter

8

業界の未来と
成功へのヒント

これから先、業界はどうなっていくのでしょうか。
社会の変化、マーケティングの変化、技術の変化を中心に、
これからの業界の未来を予測していきます。
時代が変化することで変わることは何か、
また変わらないことは何なのかを一緒に考えていきましょう。

私たちはいつも、今後2年で起こる変化を過大
評価し、今後10年で起こる変化を過小評価して
しまう。無為に過ごしてはいけないんだ。

―― ビル・ゲイツ ――

業界の未来予測

01

重要度 ★★★★★

シニア市場

健康寿命

高齢者

広がる
シニア向け需要

シニア向け市場の多様化

日本は2007年に超高齢社会を迎え、内閣府が発表した「令和元年版高齢社会白書」によると、2040年には日本の人口のうち、およそ3人に1人が65歳以上になると予想されています。

65歳と言えば、一昔前であれば現役を退き、余生を過ごす年齢という印象でしたが、最近は、まだまだ現役世代と変わらない健康で元気な65歳以上の方は少なくありません。

化粧品・健康食品業界においても、このような**元気なシニアをターゲットとした市場は今後大きく拡大すると**予想され、そ

のポテンシャルには大きな期待が寄せられています。

　現在、すでに 65 歳以上のシニア向け市場でもインターネット通販は普及してきていますが、やはり主流になっているのは電話やテレビ、FAX などの昔ながらの通販です。しかし、今後インターネットを使うことができる年齢はどんどん上がってきます。そのため、今後のシニア向けインターネット通販市場のポテンシャルには、多くのメーカーが期待をしています。

健康寿命が市場を活性化させる

最近では、「健康寿命」という言葉がメディアでもよく取り上げられるようになりました。健康寿命とは、「健康上の問題で日常生活が制限されることなく生活できる期間」と定義されています。**超高齢社会を迎えるにあたり、単に長生きをするだけではなく、何歳まで健康な生活を送ることができるのかということについての関心が高まっているのです。**

　どれだけ年齢を重ねても、人は美しく健康でいたいと考えるものです。健康寿命が注目されることは化粧品・健康食品業界への追い風になっていると言っても過言ではありません。

　健康寿命は医療技術の進歩とともに、今後も伸びていくことが予想されます。リタイアする年齢も上がってくるでしょう。そうなると、シニアのライフスタイルも今まで以上に多様化が進むと考えられます。化粧品・健康食品業界でも、様々なシニア向け商材が求められるようになるでしょう。

215

例えば「60代の忙しいキャリアウーマンをターゲットとしたオールインワン美容液」や、「健康のために走っている高齢者ランナー向けのサプリメント」など、カテゴリーワン戦略の視点から考えると、これまであまり注目されていなかったシニア層の新しい切り口の商品をたくさん生み出すことが可能です。

　シニア市場における化粧品や健康食品は、まだ十分にアイデアが出しつくされていないこともあるため、これから新たな切り口の商品がどんどん生まれてくるでしょう。

シニア向け女性化粧品の需要

健康寿命が伸びることにより、特にシニア向けの女性化粧品には多くのメーカーが関心を寄せています。

　そのなかでも「シミ・シワ・たるみ」は女性の3大悩みと言われ、現在でも多くのメーカーが様々な商品を販売しています。
　特に、40代・50代と歳を重ねるごとにこの悩みは深刻化することもあり、高齢の女性をターゲットとした商品としては継続性が期待できる商品とも言えます。「シミ・シワ・たるみ」は早い人であれば40代からケアを始めます。つまり、専用の化粧品を40代から購入し始めるということです。健康寿命が伸びることで、40代や50代の女性だけでなく、60代、70代

の女性もメインのターゲットになってくるでしょう。継続して使ってもらうことができれば、30 年以上も商品を購入してもらえる可能性もあり、メーカーにとっては非常に魅力的なマーケットになっていくと言えるのではないでしょうか。

　健康寿命が伸びることは、若々しくありたいと願う女性が増えるということです。元気で活発な高齢の女性が増えることで、化粧品にお金をかける女性の割合は増えていくと考えられます。

　特に**価格よりも品質を重視するのがシニア層の特徴です。**「高くても良いものであれば買う」という意識を持った顧客が増えることで、市場の活性化に繋がる可能性は高いはずです。

業界の未来予測 02	重要度　★★★★☆
	リアル展開
	顧客接点
	信頼

流れは再び
Face to Face へ

店舗を持つことのメリット

通販ビジネスにおける販売チャネルは、基本的には EC サイトが中心です。そのため、どういった顧客が商品を買っているのか、顧客の顔が見えないケースがほとんどです。

　通販メーカーは実店舗がないことも多く、それが当たり前だと感じている人がほとんどではないでしょうか。

　しかし、インターネットが主流となっている今だからこそ、これからの時代にメーカーとして成功していくことを考えるならば、顧客との直接的な接点の価値に注目していくことが重要になってきます。**Face to Face の接客、つまり直接顧客の顔**

が見える店舗を持つことが、未来の成功するメーカーの重要な要素になってくるのではないか。私はそのように考えています。

　実店舗を持つと、顧客との直接的な接点を持てるだけでなく、顧客に様々な「体験」をしてもらえるというメリットもあります。

　例えば、顧客の意表を突くようなイベントやサービスを提供することができれば、多くの顧客の興味を引くことができます。最近では顧客の興味がSNSの拡散や口コミなどの宣伝に繋がるため、そのような仕掛けが直接売上に繋がることも多いのです。

　また、店舗に顧客が来店することで、店のデザインや雰囲気など、インターネット上の広告やウェブサイトでは伝えづらいブランドのメッセージやイメージ、世界観をはっきりと伝えることができるのも店舗を持つメリットだと言えます。

　顧客と直接の接点を持ちにくいネット通販だからこそ、魅力的な要素を取り揃えたFace to Faceのコミュニケーションを積極的に取り入れていくべきでしょう。

アップルストアがある理由

ECサイトと同時に、実店舗のオフィシャルショップを持っていることで有名なのが、Apple社です。

Apple 社の商品は家電量販店でも購入することが可能ですが、家電量販店にはないサービスやオプションも多くあるため、EC サイトを利用するユーザーが多くいます。

　では、実店舗であるアップルストアは何のためにあるのでしょうか。アップルストアは東京や大阪、福岡など主要都市に複数店舗が出店されています。

　Apple 社では、アップルストアは商品を買う場所ではなく、実際に商品を試してみたり、ブランドのイメージや雰囲気を体験したりするための場所であり、情報を伝える媒体の一つだととらえています。

　商品を対面で販売するだけであれば、オフィシャルサイトだけでなく家電量販店など多くの販路がすでにあるわけです。しかし、あえてアップルストアという実店舗を出しているのは、そこに来店したユーザーに Apple の世界観を伝えたいと考えているからに他なりません。

　アップルストアでの体験やサービスからブランドの世界観を感じてもらい、長期的な目線で商品の購入に繋げる。通販ビジネスのメーカーでも、Apple 社のような顧客との接点を考えたサービスを提供することができれば、大きな成功を掴み取れる可能性が高いでしょう。

店舗はお金がなくても作れる

「店舗を作るのは大変」「お金がかかりそう」店舗を出店するメリットをどれだけ感じたとしても、実際に作るとなるとハードルは高いでしょう。確かに、一般的な実店舗を持つとなると大きなコストがかかります。しかし、工夫さえすればコストや労力をかけずに店舗を出すことは可能なのです。

例えば百貨店の催事などへの出店や、数日から数週間のみ出店する、期間限定のいわゆるポップアップストアなどが良い例です。

催事やポップアップストアであれば期間も限られているため、どこかに不動産を借りる必要はありません。また、想定しているよりもはるかに低いコストで出店することも可能です。最近ではレンタルスペースなど、空いているスペースを簡単に借りることができるサービスもあるため、比較的短時間でコストをかけずにゲリラ的に店舗を作ることも可能です。

他にも美容室などに掛け合って、空きスペースに商品を置いてもらう「ジョイントベンチャー」という方法も有効です。

工夫さえあれば、低予算かつ小さな労力でも店舗を持つことはできます。「お金がかかるから、やらない」というのではなく、どうしたら顧客との直接的な接点を持つことができるのか

Chapter **8** 業界の未来と成功へのヒント

を考えていけば、自ずと良い方法は思い浮かぶのではないでしょうか。

　要するに、自分の頭で考えて「やろう」と決意する、その熱量が大切なのです。「店舗はお金がかかるから無理」「絶対大変だ」と思ってしまったら、その時点で終わってしまうのです。

実体があることで信頼に繋がる

　ネット通販では直接商品を手にとって買うわけではないため、実体が見えない部分も多くあります。顧客にとっては本当か嘘かもわからない状態で商品を買わなければならない、不安を感じやすい取引であると言えます。

　しかし、多少のコストと労力をかけるだけでその不安を取り除くことができ、顧客から大きな信用を勝ち取ることができるならば、店舗を持つことの意義は大きいと言えるでしょう。

　実際に目で見て、触れてもらい、存在を顧客に感じてもらえることは、非常に大きな魅力となります。

　店舗に訪れた時に肌で感じられる、そのブランドの雰囲気やイメージは、どんな優れたウェブサイトよりも強い印象を与えるものです。

　顧客との直接的な接点を持つことは、売上をあげるということ以上に、顧客に様々なことを伝えることができるというメリットがあるのです。

これから先、そのような方向性を見出すことができる通販メーカーこそ、より価値の高い商品やブランドをつくっていくことが可能になるはずです。

Chapter 8

業界の未来と成功へのヒント

業界の未来予測

03

重要度　★★★★☆

個人情報

パーソナライズ

AI

AI の時代へ

個人に対応した情報が発信される時代へ

少し前までは、情報はテレビや雑誌などマスメディアの
力を利用して一斉に消費者に伝えられていました。

テレビ CM や雑誌、新聞などの広告で「今年の流行色はベ
ージュです」と打ち出せば、すべての雑誌やテレビで「ベージ
ュが流行する」ということが伝えられ、ブームができていく、
それが「良し」とされている時代でした。つまり、マスから情
報が伝えられていたのです。

今は、インターネットやスマートフォンの普及によって情報
の伝達方法が変わり、「個」の時代になりました。情報は受動

的に受け取るものではなく、自分から接触しにいく時代になったのです。

そのため、消費者は情報に対して迎合しなくなりました。「今年のカラーはベージュだけど、私は赤が好きだから、赤を着ます」そのような人が多くなったのです。

しかし、情報を受け取る個人は変化しても、情報を発信するメーカーは個人の変化に追いつけていないという印象があります。**消費者は十人十色だということは理解できても、その十人十色の個人に合った情報の伝達手段の方法がなかなか見つからなかったのです。**

しかし、ここ数年で発信側にも大きな変化が生まれました。それが**人工知能を使ったAI技術の登場**です。AI技術が発達したことにより、個人個人に合わせた情報を提供することができるようになりました。

AIの技術は通販ビジネスでもすでに使われています。

例えばサイトの訪問回数に応じて、おすすめする商品を変えるシステムがあります。初めてサイトに訪れた人と、何十回も訪問しているお得意様では、おすすめする商品も当然変わってきます。訪問回数や過去の販売履歴を元におすすめする商品のアプローチを変えることができるのです。

このように、AIを駆使することで、顧客の属性に合わせて自動的に個人に提供する情報を変えるというサービスは、今ではどのメーカーでも手軽に使えるようになっています。

225

今までは CM などで一斉に情報を流し、その情報を受け取った人の中から欲しい人が買っていくというようなスタイルだったものが、個人個人の好みや行動に合わせた情報を提案できるようになった、これは本当に大きな変化です。

One to Oneの時代

個人の趣味嗜好にあった提案は、今でもかなり高い精度で可能になっていますが、この精度は今後、より高くなっていくことが予想されます。

　例えば、最近では画像検索の技術とスマートフォンのアルバムを連動させることで広告を出す技術が開発されています。スマートフォンに犬の写真がたくさん入っていれば、ドッグフードの広告が出てくるなど、実験段階ではありますが、実際にそのような新しい広告が生まれてきているのです。
　顧客の趣味嗜好を直接聞くという手段ではなく、行動履歴や閲覧履歴といったビッグデータを AI が分析したデータを利用する、そんな One to One の時代にすでに突入しているのです。

パーソナライズに特化した製品

また、提供する商品も、より個人の好みに沿い、パーソナライズされた商品に変わってきています。
　例えば資生堂が開発した Optune（オプチューン）という商

品。これは肌の状態をアプリを使ってスキャンし、自分の気分やコンディションなどのデータを入力すると、そのときの天気や紫外線・湿度など「肌」に影響するあらゆるデータと組み合わせて、その場でその人にあった美容液を調合してくれる、まさにパーソナライズに特化した商品です。

環境の変化や個人の状態に合わせたオーダーメイドの美容液で毎日お手入れができる、多くの女性にとって垂涎の商品と言えるでしょう。まさに One to One 時代の典型的な商品だと言えます。

すべてをAIに委ねてはいけない

た だ、すべての商品が One to One であることが本当に良いのかと言うと話は別だと私は考えています。

AI やビッグデータを使ってつくり出されたモノはデータの集合知であり、エラーや偶然が起こることは少ないのです。結局のところ One to One として出されるものには遊びがなく「A には a を、B には b を」と答えが常に提示されてしまいます。

もちろん AI の計算上はその人にとってベストな商品なのかもしれませんが、「本当にそれでいいのか？」と改めて考えたとき、また別の答えがあるのではないかと感じています。

特に化粧品というのは心理商品でもあります。使うことによって心の状態が変わったり、その心の変化が体に影響を与えたりもします。自分が「いいな」と思っているものを使うからこそ、きれいになったり美しくなったりすることがあるのです。ですから、AIに提示されたOne to Oneの商品だけを使っていると、新しい発見や買い物をすることの楽しさが無いため面白みがないと感じるようになるかもしれません。

　商品を手にとったとき「いいな」と思えることが、買い物をするための原動力のひとつであることは、忘れてはいけません。
　もちろん、そんな判断すらAIが最適解を出してくれる、そのような時代の流れはすでに来ているのですが、こと化粧品を販売することを考えたとき、それだけで商品が売れるというわけではないということは頭に入れておく必要があるでしょう。

自社にとっての正解を見つけるために必要なこと

──競合ひしめくこの業界で勝ち残るためには──

本質を見極める

競合がひしめき合うこの化粧品・健康食品業界の中で、長く生き残っていくためには、小手先の知識や情報を集めることではなく、本質をしっかりと見極めることが最も重要であると言えます。

ランディングページひとつ取ってみてもそうです。いまや、どのメーカーでも同じようなランディングページになってしまっています。同じようなデザインに、どこかで聞いた言い回し。このようなページが乱立している原因として挙げられるのは、本質を見極めずに小手先だけを真似していることが多いという点です。

「コピーは悩みのワードを入れる」とか「ボタンは緑と赤だとどちらがいい」など、画一的な答えを求めた結果、現在のような状況になっています。

　もちろん、一つひとつの答えには裏付けされたデータや根拠がありますが、それらはあくまでテクニカルな話であり、もっと重要なことがその前提にあることを理解できていない場合が多いのです。

　マーケティングの仕組みづくりや、メーカーとしての考え方、顧客との距離感など、その本質的な部分が通販ビジネスにおいて最も重要であることは決して忘れてはいけません。

What、Why、Howのなかで重視すべきは?

何をやるのか（What）、なぜやるのか（Why）、どのようにやるのか（How）。この中で一番大切なことは「**なぜやるのか**」ということです。

　何をやるのか、どのようにやるのかということも、もちろん重要なポイントではありますが、施策やテクニックなど目先の話になってしまうからです。

「なぜそれをやる必要があるのか?」を最初に突き詰めていくのです。そうすることで、メーカーにとって大切にしていることや、本質が自ずと見えてくるようになります。本質を理解していれば「何をやるのか」も「どのようにやるのか」も自然と見つかるようになるのです。

　例えば「最近は LINE 広告の反応が良い」と代理店に言われ

ても、自社の顧客層は年齢が高く、LINE を使う層は少ないだろうと判断したならば、打つべき施策も変わってくるはずです。そのような提案をされても、「LINE よりも DM を送ったほうが効果的だ」と自然に考えられるようになります。

ついつい How や What ばかりに目が向きがちですが、Whyにしっかりと向き合って考える癖をつけることはとても重要なポイントだと言えるでしょう。

投資を惜しんではいけない

成功している会社は、何か施策を打つときであっても、**稼いだ利益からしっかりと投資するという視点でお金を出すことが多い**と感じます。

「稼いで投資して、稼いで投資して……」成功しているメーカーは、常にこれを繰り返しています。一方、うまくいっていないメーカーでは大きな利益が出たとき、そのお金を大事にしすぎるあまり、次の施策に投資をせずに結局右肩下がりになってしまうケースがよく見られます。

やはり稼いだ利益というのは有効活用することが大事です。もっと大きな成功を目指すためにも、投資として使うことが効果的だと言えるでしょう。

例えば、これまでウェブ広告だけでやってきて売上が伸びてきていたとしても、それだけを繰り返していれば最終的には必ず頭打ちになってしまうのです。「これまではウェブでしか広

告を出していなかったけれども、今回はテレビ CM を流して
みよう」など、そういった新しいチャレンジをしていかなけれ
ば、必ずどこかで停滞してしまいます。

　同じことをやり続けても、今以上に成果が上がっていくこと
はありません。例えばリブランドをしたり、商品のパッケージを
刷新する、認知を広めるためにテレビ CM を流してみるなど、
新しい試みやチャレンジに利益を投資することができる状態に
しておく、この考え方が成功するためには重要だと言えます。

　もちろん新しいチャレンジが成功するかはわかりません。し
かし、競合ひしめく厳しい業界にあって、投資を惜しまずに積
極的にやっているメーカーとそうでないメーカーでは、将来大
きな違いが生まれてくることは明らかでしょう。

トライアンドエラーで顧客を理解し続ける

お客様が何に悩んでいるのか、今どういう状況にあるの
か。メーカーはそれを積極的に知りにいくことで新し
い商品を開発したり、改良したりすることができます。
　顧客を知らなければ、指標が持てず、独りよがりの商品が出
来上がってしまうのです。メーカーは顧客の悩みを解決するソ
リューションを提供しているわけですから、何かわからないこ
とがあれば、市場に目を向けて顧客に聞き、その声をもとにす
ぐに行動することを徹底することが重要です。

なぜこのようなことをあえて言うのかというと、メーカーは自社だけで考えすぎてしまうケースが多いからです。納得する答えを自分たちの中で見つけなければ、なかなか始められない。そんなメーカーが意外と多いのです。

　実際に、ランディングページを1ページ作るのに何ヶ月もかけてしまい、いつまでたってもセールスができないというメーカーもあります。アート作品のように細部にわたって担当者の美的なこだわりが強すぎる……。本書でも話してきたとおり、何ヶ月もランディングページの作成にこだわっているよりも、適当に数パターンをつくり、それを市場に出して顧客の反応を取ったほうが、圧倒的に効率がいいのですが、なかなか行動に移せないメーカーが多いのです。これは大きな問題です。わからないことがあれば、顧客から答えを聞き続けるというのは、とても重要な考え方です。

　答えは常に顧客が持っているのです。わからないことがあれば、市場に目を向けて顧客の声を聞き、その声を元にトライアンドエラーの精神で行動することを徹底していくようにしましょう。

一度やると決めたら、継続する我慢も必要

　マーケティングの施策や外注でもそうですが、一度手をつけたことは、ある程度の結果が出るまで継続して行ってみるようにしましょう。

233

例えば「30万円の広告費をかけてみたけれども、結果が全然出ないからやめる」というのは、本当によくあるケースです。判断基準がコストしかないと、コストに見合った成果が出ないとすぐにやめるという判断をしてしまうのです。もし、その広告が時間がかかってから効果が出るものであった場合、それを短期のコスト回収だけで判断するのはあまりにも短絡的な決断だと言えます。

「ブランディングの広告だから、もう少し様子を見れば売上に繋がってくる」そういった本質を理解していれば、多少広告費がかかっていたとしても、売上が出ない現状に納得ができるため、成果に繋がるまで継続することができます。

　しかし、本質が理解できていないために、なんとなくコストがかかりすぎているからやめるという判断をしてしまっているのが現状です。コストは確かにわかりやすい指標ではあるのですが、もう少し全体を見通し、なぜそれをやっているのか本質を掴む事ができれば、我慢して続けられるようになるでしょう。

　特にマーケティングにおいては、**一度やると判断したことに関しては、ある程度の結果が出るまでしっかりと続けてみましょう。**この我慢ができることは、成功するメーカーの特徴だと言えるでしょう。

どんなリソースも利用できる

「**ま**だ何もない状態だけれど、新しくメーカーを立ち上げたい」そのような相談を受けることは多いのですが、本人は「何もない」と言っていても、実際にリソースがまったくのゼロという人はほとんどいません。

何かしらその人が持っている人間関係や繋がりをたどってみると、意外にもゼロではなく1や2、もしくは10ものリソースを持っていることも多々あります。

正直な話、本当にゼロベースから始める人というのはいないと言っても過言ではありません。知り合いでも誰でもいいので、声をかけてみるところから初めてみるのです。例えば友人に美容師がいるのであれば、一度連絡してみて、商品を見てもらってもいいと思います。本当にどんな些細なことでも、それがリソースになるのです。使えるものは遠慮せずに使ってみる。仮に本当にゼロから始める場合であっても、そのくらいの気概がなければビジネスとしては立ち行かなくなるのは目に見えています。メーカーを立ち上げようと考えるのであれば、自分のリソースを一度洗い出してすべて把握し、それを最大限に活用することが成功への第一歩であり、これから成功していくための大きなヒントになると思います。

おわりに

　本書を最後までお読みいただきありがとうございます。いかがだったでしょうか。

　すでに当たり前に実践されていること、まだできていないこと、これから実施しようと考えていたことなどなど、あなたの関わるビジネスの段階によってそれぞれ違っていたのではないでしょうか。

　マーケティングは各施策を個別に考えるのではなく、すべてを有機的に、複合的に行うことがポイントです。それにより、それぞれの施策が互いに影響しあい、相乗効果が生まれます。それこそが、継続して売上アップを実現するために必要なすべてだと言えます。

　ビジネスの状況は十人十色。同じものは2つとありません。他社の成功例や施策を真似していれば同じように売上があがるということはあり得ないのです。だからこそ、小手先のテクニックではなく、その本質を学び、自社に合わせて実践していくことが重要なのです。

　本書の内容を実践されるにあたり、私が普段のコンサルティングでも利用している、ダイレクトマーケティング実践ツールや資料を本書の読者限定でダウンロードしていただけるページを特別にご用意しました。特典の配布は予告なく終了する場合があるので、すぐにダウンロードしておくことをおすすめします。今日からすぐに実践していただければ幸いです。

　本書があなたのビジネスに役に立つことを心から願っています！

化粧品・健康食品業界のための
ダイレクトマーケティング
成功と失敗の法則
読者特典

https://creamteam.jp/dmbook/

このQRコードから
ダイレクトマーケティングに役立つ
ツールをダウンロードできます

参考書籍

ダイレクトマーケティング

『「売る」広告［新訳］』デイヴィッド・オグルヴィ著、山内あゆ子訳（海と月社）

『ある広告人の告白［新版］』デイヴィッド・オグルヴィ著、山内あゆ子訳（海と月社）

『究極のセールスレター シンプルだけど、一生役に立つ！お客様の心をわしづかみにするためのバイブル』ダン・ケネディ著、神田昌典監修、齋藤慎子訳（東洋経済新報社）

『究極のマーケティングプラン シンプルだけど、一生役に立つ！お客様をトリコにするためのバイブル』ダン・ケネディ著、神田昌典監修、齋藤慎子訳（東洋経済新報社）

『実践ダイレクト・マーケティング講義』朴正洙（編著）（千倉書房）

『ザ・マーケティング【基本篇】──激変する環境で通用する唯一の教科書』ボブ・ストーン、ロン・ジェイコブス著、神田昌典監修、齋藤慎子訳（ダイヤモンド社）

『伝説のコピーライティング実践バイブル─史上最も売れる言葉を生み出した男の成功事例269』ロバート・コリアー 著、神田昌典監修、齋藤慎子訳（ダイヤモンド社）

『逆転のサービス発想法─見えない商品を売るマーケティング』ハリー・ベックウィス著、酒井泰介訳（ダイヤモンド社）

ダイレクトメール

『新DMの教科書』一般社団法人 日本ダイレクトメール協会（宣伝会議）

通販ビジネス

『ビジネス図解 通販のしくみがわかる本（DOBOOKS）』大石真（同文舘出版）

デザイン

『Webデザイン良質見本帳 目的別に探せて、すぐに使えるアイデア集』久保田涼子（SBクリエイティブ）

『2万回のA/Bテストからわかった 支持されるWebデザイン事例集』鬼石真裕、KAIZENTEAM（技術評論社）

ブランディング

『魅きよせるブランドをつくる7つの条件――一瞬で魅了する方法―』サリー・ホッグスヘッド（パイインターナショナル）

『商品パッケージの消費者効果［改訂版］―化粧品におけるイメージ・モチーフ効果の実証研究―』宮本文幸（静岡学術出版）

化粧品

『図解入門業界研究最新化粧品業界の動向とカラクリがよ～くわかる本［第4版］』梅本博史（秀和システム）

『新版 化粧品マーケティング』香月秀文（日本能率協会マネジメントセンター）

『オルビスという方法――顧客満足を生み出し続けるビジネスモデルは、こうして創られた』ダイヤモンド・ビジネス企画（編著）（ダイヤモンド社）

『スキンケア化粧品ビジネスの展開』福岡正和（福岡正和）

『化粧品ビジネスの構想力』福岡正和（福岡正和）

健康食品

『健康食品ビジネス大事典』武田猛（パブラボ）

『図解入門ビジネス最新薬事法改正と医薬品ビジネスがよ～くわかる本』林田学（秀和システム）

心理学

『「人を動かす」広告デザインの心理術33 ―人の無意識に影響を与える、イメージに秘められた説得力』マルク・アンドルース、マテイス・ファン・レイヴェン、リック・ファン・バーレン著、坂東智子訳（ビー・エヌ・エヌ新社）

『［買わせる］の心理学 消費者の心を動かすデザインの技法61』中村和正（エムディエヌコーポレーション）

『影響力の心理～ The Power Games ～』ヘンリック・フェキセウス著、樋口武志訳（大和書房）

『#HOOKED 消費者心理学者が解き明かす「つい、買ってしまった。」の裏にあるマーケティングの技術』パトリック・ファーガン著、上原裕美子訳（TAC出版）

【著者略歴】

山口尚大（やまぐち・たかひろ）

EC・通販コンサルタント。クリームチームマーケティング合同会社 代表兼 CEO。
2006 年より化粧品、健康食品業界に特化したダイレクトマーケティング支援を行い、
これまで大手メーカーからスタートアップ企業まで 150 社 250 ブランドを超えるクラインントの売上アップを実現。業界に特化した豊富な経験をもとに、時代に合わせた最新のノウハウとアウトプットを提供している。

化粧品・健康食品業界のための
ダイレクトマーケティング成功と失敗の法則

2019 年 9 月 1 日　初版発行
2022 年 2 月23日　第 3 刷発行

発 行　**株式会社クロスメディア・パブリッシング**

発 行 者　小早川 幸一郎

〒151-0051　東京都渋谷区千駄ヶ谷 4-20-3 東栄神宮外苑ビル
http://www.cm-publishing.co.jp

■ 本の内容に関するお問い合わせ先 .... TEL (03)5413-3140／FAX (03)5413-3141

発 売　**株式会社インプレス**

〒101-0051　東京都千代田区神田神保町一丁目105番地

■ 乱丁本・落丁本などのお問い合わせ先 .... TEL (03)6837-5016／FAX (03)6837-5023
service@impress.co.jp

(受付時間 10:00～12:00、13:00～17:00　土日・祝日を除く)
※古書店で購入されたものについてはお取り替えできません

■ 書店／販売店のご注文窓口
株式会社インプレス 受注センター .... TEL (048)449-8040／FAX (048)449-8041
株式会社インプレス 出版営業部 .... TEL (03)6837-4635

カバーデザイン　城匡史 (cmD)
図版作成・DTP　株式会社ニッタプリントサービス
校正・校閲　有限会社ペーパーハウス
©Takahiro Yamaguchi　2019 Printed in Japan

本文デザイン　荒好見 (cmD)
印刷・製本　株式会社シナノ

ISBN 978-4-295-40291-6 C2034